全国中等职业技术学校园林绿化专业教材

园林花卉知识

卜复鸣　主编

中国劳动社会保障出版社

图书在版编目（CIP）数据

园林花卉知识/卜复鸣主编. —北京：中国劳动社会保障出版社，2013
ISBN 978-7-5167-0603-9

Ⅰ.①园… Ⅱ.①卜… Ⅲ.①花卉-观赏园艺 Ⅳ.①S68

中国版本图书馆CIP数据核字（2013）第315980号

中国劳动社会保障出版社出版发行

（北京市惠新东街1号 邮政编码：100029）

*

北京市白帆印务有限公司印刷装订 新华书店经销

787毫米×1092毫米 16开本 13.25印张 265千字

2014年1月第1版 2022年3月第4次印刷

定价：34.00元

读者服务部电话：（010）64929211/84209101/64921644

营销中心电话：（010）64962347

出版社网址：http://www.class.com.cn

http://jg.class.com.cn

简介

本教材为全国中等职业技术学校园林绿化专业教材，由人力资源和社会保障部教材办公室组织编写。

教材以花卉在园林绿化中的实际应用为重点，讲解了一二年生花卉、宿根花卉、球根花卉、水生花卉、木本花卉、温室花卉和鲜切花的形态特征、生长习性、繁殖方法、栽培技术、管理方法及园林用途等方面的知识与技能。教材在编写中特别注重图文对照，借助大量的图片，学生更容易理解、记忆所学内容。教材每章都安排了“实训”环节，目的是通过实际操作，提高学生的动手能力和解决实际问题的能力。另外，教材在每章后设置了“思考练习题”，以帮助学生进一步巩固所学知识和技能。教材配有电子课件，可登录www.class.com.cn在相应的书目下载。

本教材由卜复鸣任主编，陈爱莉、应喆参加编写，马建伟审稿。

目录
CONTENTS

绪论

一、课程的性质、内容与任务

花卉的定义包括狭义与广义两个方面。狭义的是指草本的观花植物和观叶植物。随着人类生产、科学技术和文化水平的不断发展，花卉的范围也在不断扩大。广义的是指凡是具有一定观赏价值，并经过一定技艺进行栽培和养护的植物，有观花、观叶、观芽、观茎、观果和观根的，也有欣赏其姿态或闻其香的。现在，有一些特殊生物学习性的植物也可以作为花卉被观赏，如含羞草、猪笼草等。从低等植物到高等植物，从水生到陆生、气生；有的匍匐矮小，有的高大直立；有草本也有木本，有灌木、乔木和藤本，应有尽有，种类繁多，都包括在花卉范围之中。花卉是园林植物重要组成部分。它不但可以美化室内外环境，而且还有利于改善人们生活情趣和提高人们的生活质量，是现代文明生活中的一部分。

通过本课程的学习，应能识别常见花卉，掌握它们的生长发育特性，了解它们的繁殖和栽培管理措施，以及在园林中的应用等，为以后学习《花卉应用》和《园林规划设计》等专业课程打下一个良好的基础。

二、园林花卉的特点和作用

1. 美化作用

园林花卉与园林树木在外部形态、生理解剖、生态习性及生物学特性上均有很大区别，因此，栽培管理、生态效果、景观特点、园林应用也不尽相同。园林花卉种类、品种繁多，突出特点在于色彩艳丽、丰富多彩。花卉是为园林和风景区进行绿化、美化的重要活材料，是用以点缀居室、会场、阳台、道路、居民区、工矿区、寺庙等处的素材，构成各式景观。花卉之美还常因季节、时间与天气而变化，四季相异，早晚不同，晴雨有别。花卉从发芽、抽梢、展叶到开花、结果、散子等阶段构成的节奏感，使人们体会到动态美和生命的旋律。

2. 净化环境的作用

园林花卉是人工植物群落的构成成分之一。与园林树木以一定比例配合，形成生态效益好的人工植物群落，从而起保护和改善环境的作用。但在单独种植时，与同等种植面积的高大粗壮树木相比，对改善及调节生态环境的作用相对较弱。花卉能吸收二氧化碳，增加氧气，从而净化大气，通过滞尘而使空气变得清新宜人，分泌杀菌素以减少危害人畜的病菌，抵抗并吸收二氧化硫、氟化氢等多种有毒气体，吸收并阻挡噪声污染，水生花卉可净化污水，栽植抗性强的花木还可减轻土壤污染等。有些花卉在不良的环境条件中可以很敏感地出现特殊的生态，成为监测环境污染的天然监测器。例如，百日草、波斯菊等对二氧化硫敏感；萱草、唐菖蒲等对氟化氢敏感；丁香、矮牵牛等对臭氧敏感。

3. 精神文化作用

花卉是丰富人们生活的活材料，是人类生活中不可缺少的内容，养护与观赏花卉具有增进身心健康的功能。

花卉可以净化环境，观赏花草能消除疲劳，使人精神焕发，以充沛的精力和饱满的热情投入工作中去。花木的绿色部分还有保护视力的作用，如在紧张的学习和工作之后，眺望一下青枝绿叶，顿觉精神轻松，消除了疲劳感。

我国历代文人常把植物人格化，从联想上产生某种情绪或境界。如梅兰竹菊以四君子入画，荷花出淤泥而不染称为“花中君子”。此外，还有牡丹富贵，红豆相思，紫薇和睦，玉兰色如玉、香如兰而好比亭亭玉立的少女等。花卉是美的象征，而且体现着人们的精神文明；人们往往把花作为美好、幸福、吉祥、友谊的象征，在庆贺结婚、寿辰，宴会、探亲访友，看望病人、迎送宾客、庆祝节日以及国际交往活动等场合，用作馈赠的礼物已成习惯。

4. 形成独特的园林景观

园林花卉美丽的色彩和细腻的质感使其形成细致景观，常常作为前景或近景，形成美丽的色彩景观。低矮的园林花卉可以丰富树木的下层空间，出现在俯视视觉中，又不紧贴地面，具有较高的亲人性。适时更换，其颜色和形体的不断变化，可以带来活跃的气氛，打破环境的庄严或沉闷感。

5. 应用方式多样性

花卉个体小，生态习性差异大，受地域限制小，除露地栽培外，盆栽相对容易，便于各种气候和环境使用，尤其是在不便使用乔木、灌木的环境中应用较广泛。生命周期短，便于更换。花期控制相对容易，可根据需要调控开花时间，很快形成漂亮的植物景观。可临时设置，便于移动。有花坛、花境、花带、花群、花丛、种植钵等多种应用方式，景观各不相同，可以展示丰富的园林植物景观。

三、本课程的学习方法

园林花卉知识是园林绿化专业的核心课程之一，是园林绿化专业学生必修的一门课程。首先，园林花卉的种类繁多，习性各不相同，因此，花卉识别在园林花卉知识的学习中占有重要的地位，是花卉栽培和应用的前提与基础，只有正确识别，才能做到“知己知彼”，更好地去培育和应用它。其次，园林花卉知识是一门实践性很强的专业课程，要加

强实践教学和学习。陆游曾告诫他的儿子“汝果欲学诗，功夫在诗外”， 意思是说学习做诗，不能就诗学诗，而应该把功夫下在掌握渊博的知识的基础上，多参加社会实践，增加自己的学识修养。学习本课程也是这样，应多走向野外，走进自然，多观察，多参加社会实践，提高感性认识。虽然在教学和学习过程及环节中安排了一些技能操作和实训项目，以强调本课程的实践性，但由于各地情况各不相同，学习时应有所增删。

第一章　园林花卉基础知识

学习目标

◆了解国内外园林花卉栽培应用发展状况
◆掌握园林花卉主要栽培设施的类别
◆掌握园林花卉主要栽培设施的使用
◆在实际生产中能熟练应用花卉栽培设施

第一节　园林花卉发展概况

我国花卉栽培历史及文化十分悠久，被誉为“世界园林之母”。花卉不仅作为传统的庭院栽培观赏，而且已发展成为一种产业。我国花卉产业起步于 20世纪80年代，经过30多年的发展，花卉产业从无到有不断发展壮大，特别是进入90 年代后，我国花卉产业得到了快速发展，到2011年，我国花卉生产总面积为102.40万公顷，从种植面积来看我国已成为世界最大的花卉生产国。

一、我国花卉业的发展简史

据考证，在文字出现以前，我国就开始利用花卉了。在浙江的“河姆渡文化”遗址里有许多距今7000年前的荷花花粉化石，表明我国花卉栽培具有悠久的历史。

在殷商的甲骨文中有“囿”字，是中国园林的雏形。它是在一定的地域让草木和鸟兽滋生繁殖。到了西周，已在园囿中培育苗木并有专人管理，社会生活中也有花卉的使用。《周礼·天官冢宰》记载“园圃毓草木”，《周礼》记载“囿人、中士四人、下士八人、府二人、胥八人、徒八十人”，典礼中“诸侯执薰，大夫执兰” 。春秋时期有吴王夫差建梧桐园、会景园和玩花池的记载。战国时期就已有栽植花木的习惯，有了物候、生态和大规模种植香料的记载。《诗经·郑风》中有“湿有荷花”之语；此外还记载了130多种植物，其中有许多花卉，如“山有嘉卉” “卉木萋萋” “杨柳依依” “彼泽之陂有荷与蒲”。屈原在《离骚》和《九歌》中以香花、香草、佳木自比，列有秋兰、秋菊、芙蓉、橘树、桂、辛夷等花木。《离骚》有“余既滋兰之九畹兮，又树蕙之百亩”的诗句。

秦汉时期，我国有了最早的道路绿化记载，著名的阿房宫大种花木，主要记载有柑、橘、枇杷、黄栌、木兰、厚朴等木本植物，使用了许多西安不能露地过冬的植物，说明栽培技术达到了相当高的水平。这一时期所植名花异草更加丰富，比欧美诸国早

600～800年。汉武帝重修上林苑，广种奇花异草，群臣远方献名木、奇树、花草达3 000多种，并有暖房栽种热带、亚热带植物。记载的种类也以木本为主，如桂花、龙眼、荔枝、槟榔，还有梅和桃的不同品种，草本有唐菖蒲、山姜，是有史以来最大规模的园林植物引种育化试验。

两晋时期，西晋嵇含（公元304年）著《南方草木状》，记载两广和越南栽培的园林植物，如茉莉、唐菖蒲、扶桑、刺桐、紫荆、睡莲等80种。东晋（公元317—420年）陶渊明诗集中有“九华菊”品种名，还有芍药开始栽培的记载。

到了隋唐宋时期，花卉栽培渐盛。据宋代李格非《洛阳名园记》记载，当时归仁园中“北有牡丹芍药四株，中有竹百亩”。唐代我国的园艺技术达到很高水平，许多技术世界领先，有很多造诣很深的理论著作，如王芳庆的《园庭草木疏》、李德裕的《平泉草木记》。到了宋代，社会稳定，经济繁荣，花卉园艺达到高潮。花卉人格化和象征主义广泛流行，名花的社会地位日益增高，在宋代后期尤为突出。《临安志》和《武林旧事》中记载宋代在汴京、临安已有花果市场，有大批花农“种花如种粟”。这个时期涉及花卉的著作繁多，开始有草本花卉的专著，如王观的《扬州芍药谱》、王贵学的《兰谱》、刘蒙的《菊谱》、范成大的《范村梅谱》、陈思的《海棠谱》、欧阳修的《洛阳牡丹记》、陆游的《天彭牡丹谱》、张峋的《洛阳花谱》、苏颂的《本草图经》、周必大的《唐昌玉蕊辨证》和陈景沂的《全芳备祖》等。

明清时期是我国花卉园艺兴盛的时期，明代出现的专著更多，花卉栽培又有新的提高，专著如高濂《兰谱》、周履靖《菊谱》、陈继儒《种菊法》、黄省曾《艺菊书》、薛凤翔《牡丹八史》和曹璿《琼花集》等；同时出版了一批综合性著作，如周文华《汝南圃史》、王世懋《学圃杂疏》、陈诗教《灌园史》和王象晋《二如亭群芳谱》等。清代有名的专著如杨钟宝《缸荷谱》、赵学敏《凤仙谱》、计楠《牡丹谱》、陆廷灿《艺菊志》、评花馆主《月季花谱》和朱克柔《第一香笔记》等，有关花卉的重要的综合性文献如汪灏等《佩文斋广群芳谱》、陈淏子《花镜》和马大魁《群芳列传》等。

进入民国时期，我国的花卉事业虽有发展，但仅限于少数城市，专业书刊出版也少，主要有陈植《观赏树木》，夏诒彬《种兰法》《种蔷薇法》，章君瑜《花卉园艺学》，童玉民《花卉园艺学》，陈俊愉、汪菊渊等《艺园概要》及黄岳渊、黄德邻《花经》等。

二、我国花卉业发展概况

自1949年以来，我国的花卉生产经历了起步、发展、停滞、恢复与繁荣这样一个复杂的历程。1984年11月，在北京成立了中国花卉协会，标志着我国的花卉业开始进入了有组织的发展轨道。经过近30年的快速发展，我国的花卉生产栽培面积由1984年的1.4万公顷发展到2011年的102.40万公顷，增加了70多倍，花卉业已经成为我国农业中继粮油、果树、蔬菜之后的第四大支柱产业。截至目前，我国的花卉业发展大致可分为以下四个阶段：

1. “七五”期间的恢复与发展阶段

“七五”期间，全国花卉生产面积和产值均有一定幅度的增长，1986年全国花卉生产面积为2.0万公顷，1990年增加到3.3万公顷。产值也由1986年的7.0亿元上升到1990年的11亿元。但总体上生产基本以传统的品种和栽培技术为主，品种短缺，技术落后，市场不稳。

2. “八五”期间的全面发展阶段

“八五”期间，在发展“两高一优”（高产、优质、高效）农业政策的支持下，花卉产业成为各地调整农业结构、发展农村经济的重要途径之一，花卉产业得到了快速的发展。1995年全国花卉生产面积达到了7.5万公顷，约为1990年的2.3倍；产值达到40亿元，约为1990年11亿元的3.64倍。

3. “九五”“十五”期间的巩固与提高阶段

1996年以来，我国花卉产业经过十多年的探索和发展已初具规模，全国花卉生产面积由1998年的8.59万公顷增加到2003年的43万公顷，增长了4.0倍。全国花卉产值1998年为107.35亿元，2003年上升为353.1亿元，提高了2.29倍。花卉产业在总量增长的同时，已开始向生产商品化、布局区域化、产品多样化的方向发展，花卉科技含量有所提高，市场需求日益增加，国内流通网络已初步形成。

4. “十一五”期间加速发展阶段

2009年年底，我国花卉种植面积达83.41万公顷，年产值达719.76亿元，每公顷收益约为8.63万元，比“十五”末的2005年分别增长2.95%、43.00%和38.90%，实现了由数量扩张型向质量效益型转变的可喜变化。花卉龙头企业迅速崛起，涌现出浙江森禾种业等一批大型花卉企业，北京东方园林、广东棕榈园林等花卉企业成功上市。花卉产业不断向优势区域集中，一些我国特有的传统花卉产区和产品得到进一步巩固及发展。

三、我国花卉事业展望

我国地域辽阔，气候多样，地形复杂，从高山到平原，从内地到沿海，都有大量的花卉资源分布，因此花卉资源十分丰富。如杜鹃花，全世界共有800多种，我国就占有75%；茶花全世界共有100多种，我国占有60%；报春花属植物全世界约有450种，我国占87%；龙胆花属全世界约有460种，我国占50%；百合花全世界约有100种，我国占60%；木兰科植物全世界约有90种，我国占81%；另外，金粟兰15种、蜡梅6种和国兰等均原产于我国。花卉事业已逐渐成为世界新兴产业之一，如将我国丰富的花卉资源转化为商品，就会变成一笔巨大的财富，无疑这一光荣而艰巨的使命将落在花卉科技工作者身上。

1. 科学技术平台逐步完善，研发创新能力显著增强，产业服务水平日益提高

截至2009年，我国拥有花卉专业人才队伍14.96万人，比2005年增长13.05%。全国花卉标准委员会和国家花卉工程技术研究中心等全国性花卉科技平台逐步建立并完善。北京、上海、江苏、浙江、福建和河南等省（市）搭建起技术研发及成果转化平台。玫瑰、康乃馨、非洲菊、含笑和杜鹃等一大批花卉新品种相继自主培育成功。

2. 产业布局不断优化，花卉配套加工快速发展，产业链条不断延伸，产品出口明显增长

“十一五”期间，我国涌现出的一大批花卉相关生产企业对于提高花卉设施生产水平和产品质量发挥了重要作用。2009年，全国工业和药用花卉种植面积发展到19.16万公顷。以菊花、玫瑰、薰衣草、茉莉、桂花等为代表的多种花卉开发出的系列化深加工产品，涉及休闲旅游、医疗、保健、食品、日用化妆品等众多领域。2009年，全国花卉出口额达4.06亿美元，比“十五”末的2005年增长了163.31%。

3. 花事活动蓬勃开展，花卉文化日益繁荣，引导消费能力明显增强

“十一五”期间花卉界积极参与奥运会、世博会两大国家盛会，开展花卉景观布置，提升花卉园艺技术水平，扩大产业影响力。北京花卉协会在北京奥组委支持下，举办迎奥运插花花艺大赛、“奥运与花卉”论坛等活动，组成奥运花店运行团队，成立奥运花卉配送中心，高标准、高水平地完成了奥运会颁奖用花工作任务。上海市全面推进花卉景观布置，让鲜花扮靓全市区县、主要特色景观道路和花坛、花境，以花团锦簇诠释“城市，让生活更美好”的世博主题。

4. 花卉对外开放加速推进，国际交流不断加强，国际影响力明显提升

“十一五”期间，中国花卉协会正式成为亚洲花店业协会成员，并成功举办了第四届亚洲杯插花花艺大赛、2006沈阳世界园艺博览会和第十届亚太兰花大会。规范了世界园艺博览会申办办法，成功申办了西安、青岛和唐山世界园艺博览会。成功组织参加了2006年在泰国举办的世界园艺博览会，建造了具有我国江南园林特色的室外展园——中国唐园，并赠送泰国政府。同时，组织北京、上海、西安和洛阳四个城市参加了2010年台北国际花卉博览会。

总之，随着国民经济的繁荣，我国花卉事业应紧紧抓住天时地利的有利条件和形势机遇，采取切实可行的措施。我国花卉事业一定会在21世纪后飞跃发展，使我国成为全球重要的花卉生产国、消费国和花卉出口国。

四、国外花卉产业发展情况

花卉已成为当今世界最具活力的产业之一。全世界花卉消费量在迅速地增长。目前，国际市场销售的花卉产品有鲜切花、球根花卉、盆花及干花等几大类。据联合国贸易组织统计，在花卉产品的国际贸易中心，发达国家占绝对优势，约占世界出口销售总额的80%，而发展中国家仅占20%。如在鲜切花出口中，荷兰占全世界销售总额的59%，哥伦比亚占10%，意大利占6%；在盆花出口中，荷兰占48%，丹麦占16%，法国占15%。现在世界花卉形势很好，主要有以下几个特点：

1. 花卉生产的区域化、专业化

为了占领国际花卉市场，各国目前都致力于培养独特的花卉种类，形成自己的花卉优势。如荷兰的球根生产有数千公顷；泰国专门生产热带兰出口；以色列以生产月季、香石竹和唐菖蒲为主；日本大量生产菊花、香石竹、百合、风信子和月季；哥伦比亚主要生产香石竹、月季、大丽花；丹麦生产观叶植物，这样既有利于栽培技术的提高，也便于商品化生产。

2. 生产的现代化

生产的现代化主要是指栽培设施的现代化，进行温室化生产。温室化生产可以不受季节干扰，周年生产，还可以使生产工厂化，进行连续生产和大规模生产。比如，1993年荷兰的露地切花生产面积是1 609公顷，而设施栽培面积达5 756公顷；又如日本，切花的设施栽培率是43%，盆花的设施栽培率是84%，设施育苗率是61%。

3. 产品的优质化

为了满足广大群众对花卉品种质量日益提高的要求，花卉生产者运用科学有效的手段，提高产品的质量。例如，应用组织培养技术，培养无病毒的试管苗；无土栽培技术、间歇喷雾扦插、电照或遮光调节花期等新技术也在一些花卉业发达的国家广泛使用。

4. 生产、经营、销售的一体化

花卉是活的有机体，为了保持新鲜状态，尽量减少中间环节，使栽培、采收、整理、包装、储藏、运输和销售各个环节紧密配合，形成一个整体，以减少可能发生的损失。

5. 花卉的周年供应

花卉消费虽然因季节不同而有差异，节假日时出现旺季，但平时也有各种不同的需要，因此，作为销售者应备有不同品种的花卉，以满足不同消费者的要求。

第二节　园林花卉的分类

花卉的种类很多，范围也很广，其形态、管理各有不同。花卉分类的依据是植物形态解剖结构的相似性。分类方法是通过观察植物的外部形态和解剖形态，根据其相似性按分类单位从大到小依次归类。但为了便于栽培管理，在园林、园艺上，园林花卉的分类有别于植物学系统分类，它是根据花卉的生产实践而产生的。

一、按生态习性分类

1. 草本花卉

草本花卉是指花卉基部为革质茎，枝柔软。按其生长发育周期，又可分为一年生花卉、二年生花卉和多年生花卉。

（1）一年生花卉。是指一年内完成生长周期，即春季播种，夏、秋季开花，花后结籽，一般秋后种子成熟、冬季枯死的草本植物，如鸡冠花、凤仙花、百日草、半支莲等。有些二年生或多年生南方花卉，由于在北方不耐寒，常作为一年生草花栽培。

（2）二年生花卉。两年内完成生长周期，即秋季播种，次春开花，夏秋季结实，然后枯死，如蒲包花、金盏菊、三色堇、石竹、羽衣甘蓝等。有些多年生草本花卉，如雏菊、石竹等，常作为一二年生花卉栽培。

（3）多年生花卉。个体寿命超过两年，能多次开花结实。常依据地下部分的形态变化分为宿根花卉和球根花卉。

1）宿根花卉。地下茎或根系发达形态正常，寒冷地区冬季地上部枯死，根系在土壤中宿存，第二年春季又从根部重新萌发出新的茎叶，生长开花反复多年，如菊花、芍药、荷兰菊、蜀葵、楼斗菜等。

2）球根花卉。地下茎或根发生变态，呈球状或块状。入冬地上部分枯死，而地下的茎、根仍保持生命力，可以秋季挖出储藏，第二年栽植，连年发芽、展叶、开花。按形态特征又分为球茎类、鳞茎类、块根类、块茎类和根茎类。球茎类地下茎呈球形或扁球形，外皮革质，内实心坚硬，如仙客来、小苍兰、唐菖蒲等。鳞茎类地下茎呈鳞片状，纸质外皮或无外皮，常见的有水仙、郁金香、百合、风信子、朱顶红等。块根类是由主根膨大呈块状，外被革皮，如大丽花、毛茛、紫茉莉等。根茎类是地下茎肥大呈根状，上有明显的节，有横生分枝，如美人蕉、鸢尾、荷花等。

2. 木本花卉

花卉的茎木质部发达，称为木质茎。具有木质的花卉叫做木本花卉。木本花卉主要包括乔木花卉、灌木花卉和藤本花卉三种类型。

（1）乔木花卉。主干和侧枝有明显的区别，植株高大，多数不适于盆栽。但其中少数花卉（如桂花、白兰、柑橘等）也可进行盆栽。

（2）灌木花卉。主干和侧枝没有明显的区别，呈从生状态，植株低矮，树冠较小，其中多数适于盆栽，如月季花、贴梗海棠、栀子花、茉莉花等。

（3）藤本花卉。枝条一般生长细弱，不能直立，通常为蔓生，叫作藤本花卉，如迎春花、金银花等。在栽培管理过程中，通常设置一定形式的支架，让藤条附着生长。

3. 肉质类花卉

肉质类花卉是指茎或叶具有发达的储水组织，通常变态为肥厚多汁状态的花卉，如仙人掌科植物，另外，在番杏科、大戟科、景天科、菊科、萝藦科、凤梨科、龙舌兰科等科中也有部分多浆花卉。

4. 水生类花卉

水生类花卉大多属多年生草本植物，终年生长于水中或在沼泽地。常见的有荷花、睡莲、萍蓬、水葱、菖蒲等。

二、按生物学特性分类

1. 喜阳性花卉和耐阴性花卉

（1）喜阳性花卉。如月季、茉莉、石榴等大多数花卉，它们需要充足的阳光照射，这种花卉叫作喜阳性花卉。如果光照不足，就会生长发育不良，开花晚或不能开花，且花色不鲜，香气不浓。

（2）耐阴性花卉。如玉簪花、绣球花、杜鹃花等，只需要较弱的散射光即能良好地生长，叫作耐阴性花卉。如果把它们放在阳光下经常暴晒，反而不能正常地生长发育。

2. 耐寒性花卉和喜温性花卉

（1）耐寒性花卉。如月季、金盏花、石竹花、石榴等花卉，一般能耐零下3～5℃的短时间低温影响，冬季它们能在室外越冬。

（2）喜温性花卉。如大丽花、美人蕉、茉莉花、秋海棠等花卉，一般要在15～30℃的温度条件下才能正常生长发育，它们不耐低温，冬季需要在温度较高的室内越冬。

3. 长日照花卉、短日照花卉和中性花卉

（1）长日照花卉。如八仙花、瓜叶菊等，每天需要日照时间在12小时以上，称为长日照花卉。如果不能满足这一特定条件的要求，就不会现蕾开花。

（2）短日照花卉。如菊花、一串红等，每天需要12小时以内的日照，经过一段时间后，就能现蕾开花。如果日照时间过长，就不会现蕾开花。

（3）中性花卉。如天竺葵、石竹花、四季海棠、月季等，对每天日照的时间长短并不敏感，不论是长日照或短日照情况下，都会正常现蕾开花，称为中性花卉。

4. 水生花卉、湿生花卉、旱生花卉和中生花卉

（1）水生花卉。如睡莲等，一定要生活在水中，才能正常生长发育，称为水生花卉。

（2）湿生花卉。如黄花鸢尾、水生美人蕉、慈姑等，既可在水中挺水生长，也可在较潮湿的陆地上生长，所以称其为湿生花卉。

（3）旱生花卉。如仙人掌类、景天类等，只需要很少的水分就能正常生长发育，称为旱生花卉。

（4）中生花卉。适宜生长于适当湿润、既不干旱又不渍水的土壤中，大多数花卉都属此类。

三、按用途和栽培方式分类

在自然条件下能正常生长、开花、结实的花卉常称为露地花卉，而那些原产于热带、亚热带或在南方露地生长的草花，在北方需在温室内栽培才能正常生长、开花、结实的花卉常称为温室花卉。

1. 露地花卉

（1）开花乔木。以观花为主的乔木，某些种类如山楂、海棠类等，秋冬兼可赏果或赏叶。

（2）开花灌木。以观花为主的灌木，如榆叶梅、丁香、绣线菊等，有些种类可赏果，如栒子木、火棘等。

（3）花境草花。多年生草本花卉，如芍药、萱草、鸢尾等。

（4）花坛草花。一二年生草本花卉及少数鳞茎植物，如郁金香等。

（5）地被植物。用以被覆不规则地形或坡度太陡的地面，如细叶美女樱、蔓长春花、络石等。

2. 温室观叶盆栽

（1）热带植物。越冬夜间最低温度为12℃，如喜林芋、凤梨类、橡皮树、变叶木等。

（2）副热带植物。越冬夜间最低温度为5℃，如文竹、吊竹梅、鹅掌柴等。

3. 温室盆花

（1）低温温室盆花。保证室内不受冻害，夜间最低温度维持5℃即可，如栽培报春花、藏报春、仙客来、香雪兰、金鱼草等亚热带花卉。

（2）暖温室盆花。室内夜间最低温度为10～15℃，日温为20℃以上，如栽培大岩桐、玻璃翠、红鹤芋、扶桑、五星花及一般热带花卉。

（3）热带温室兰花。暖温室或高温温室。

1）卡特兰类、文心兰类：日温为22～30℃，夜温为12～18℃（暖温室）。

2）大花惠兰类、兜兰类：日温低于30℃，夜温为10～12℃（暖温室）。

3）蝴蝶兰类：夜间温度为18～20℃（高温温室）。

4）石斛类：夜间温度为10℃（暖温室）。

4. 切花栽培

（1）露地切花栽培。唐菖蒲、桔梗、各种地栽草花以及南方的桂花、蜡梅等。

（2）低温温室切花栽培。如香石竹、驳骨丹、香雪兰、月季、香豌豆、非洲菊等（包括温室催花枝条，如丁香、桃花等）。

（3）暖温室切花栽培。如六出花、嘉兰、红鹤芋等。

5. 切叶栽培

（1）露地切叶栽培。木本植物如胡颓子、桃叶珊瑚等。

（2）温室切叶栽培。如文竹、蕨类等。

6. 干花栽培

一些花瓣为干膜质的草花，如麦秆菊、海香花、千日红以及一些观赏草类等，干燥后作花束用。

四、按观赏部位分类

1. 观花类

以观赏花色、花形为主。由于开花时节不同，还可分为：

（1）春季开花型。如迎春、樱花、芍药、牡丹、 梅花、春鹃等。

（2）夏季开花型。如茉莉、扶桑、丁香、夏鹃等。

（3）秋季开花型。如扶桑、木芙蓉、菊花、桂花等。

（4）冬季开花型。如蜡梅、茶花、一品红、水仙等。

还有许多花可在几个季节开，如月季、 扶桑等。也有一些花通过人工光照、低温处理可以在其他季节开花，如三角梅、郁金香、百合等。

2. 观叶类

以观赏叶色、叶形为主，如龟背竹、旱伞草、花叶芋、文竹、肾蕨、万年青、朱蕉、五针松、黑松、锦松、雪松、真柏、地柏、千头柏、花柏、龙柏、枷罗木、杨柳、柽柳、红枫、棕榈、大叶黄杨、橡皮树、苏铁、龙血树、芭蕉、变叶木、假叶树、彩叶草等。

3. 观茎类

以观赏茎枝形状为主，如佛肚、仙人掌类、光棍树、山影拳、虎刺梅、玉树珊瑚等。

4. 观果类

以观赏果实形状、颜色为主，如佛手、金银茄、冬珊瑚、南天竹、银杏、石榴、金橘、橘、代代花、葡萄、枇杷、枣树、柿、猕猴桃、无花果、火棘、冬珊瑚等。

5. 观芽类

以观芽为主，如银芽柳等。

五、按开花季节分类

1. 春花类

春季开花的种类，如花菱草、虞美人、梅花、水仙、迎春、桃花、白玉兰、紫玉兰、琼花、贴梗海棠、木瓜海棠、垂丝海棠、西府海棠、牡丹、芍药、丁香、月季、玫瑰、紫荆、锦带花、连翘、云南黄馨、余雀花、仙客来、风信子、郁金香、马蹄莲、长春菊、天竺葵、报春花、瓜叶菊、矮牵牛、虞美人、金鱼草、美女樱等。

2. 夏花类

夏季开花的种类，如茉莉、栀子花、金丝桃、白玉花、米兰、九里香、木本夜来香、桂花、广玉兰、扶桑、木芙蓉、木槿、紫薇、夹竹桃、三角花、菠萝花、六月雪、大丽花、五色梅、美人蕉、向日葵、蜀葵、扶郎花、鸡蛋花、萱草、红花葱兰、翠菊、一串红、鸡冠花、凤仙花、半枝莲、雁来红、雏菊、万寿菊、菊花、荷花、睡莲等。

3. 秋花类

秋季开花的种类，如菊花、桂花、大丽花等。

4. 冬花类

冬季开花的种类，如蜡梅、一品红、银柳、茶梅、小苍兰等。

六、按经济用途分类

1. 观赏用型

可分为花坛花卉、盆栽花卉、切花花卉和庭园花卉等。

2. 香料用型

花卉在香料工业中占有重要地位，如栀子花、茉莉等。

3. 熏茶用型

如茉莉花、白兰花、代代花等。

4. 医药用型

以花器、花茎、花叶、花根用药，种类很多。

5. 食用型

如百合、黄花菜、菊花脑等。

七、按花卉原产地分类

1. 中国气候型（又称大陆东岸气候型）

此气候特点是冬寒夏热，年温差较大，夏季多雨。这类花卉包括百合、山茶、杜鹃等。

2. 欧洲气候型（又称大陆西岸气候型）

此气候特点是冬季气候温暖，夏季温度不高，四季有雨。这类花卉包括三色堇、雏菊、矢车菊等。

3. 地中海气候型

以地中海沿岸气候为代表，冬季最低温度为6～7℃，夏季温度为20～25℃。夏季气候干燥，秋春降雨。多年生花卉常呈球根形态，如唐菖蒲、风信子、郁金香、鸢尾、水仙等。

4. 墨西哥气候型（又称热带高原气候型）

周年温度为14～17℃，温差小，降雨因地而别。或雨量充沛，或集中夏季。此类型花耐寒差，喜夏季冷凉，如大丽花、晚香玉、万寿菊、云南山茶等。

5. 热带气候型

周年高温，温差小，雨量大，分为雨季和旱季。这类花卉包括鸡冠花、变叶木、紫茉莉、竹芋、美人蕉等。

6. 沙漠气候型

周年降雨量很少，气候干旱，多为不毛之地，这类花卉包括有多浆类植物分布，如芦荟、仙人掌等。

7. 寒带气候型

冬季长而寒冷，夏季短而凉爽，夏季风大，植株矮小，这类花卉包括细叶百合、龙胆、雪莲、点地梅等。

第三节　园林花卉与环境因子

一方面，花卉与其他植物一样，在生长发育过程中除受自身遗传因子影响外，还与环境条件有着密切的关系，这些条件包括温度、光照、水分、空气、土壤和营养元素等，它们相互关联、相互制约；另一方面，花卉在长期的系统发育中，对环境条件的变化也产生各种不同的反应和多种多样的适应性。因此，只有了解组成环境的各个因素，全面地考察它们之间的相互关系，才能科学地进行栽培管理，控制和改造观赏植物，达到优质高产的目的，创造理想的园林效果。

一、温度

温度是影响花卉生长发育的重要因素之一，它影响着花卉的地理分布，制约着生长速度及体内的生化代谢等一系列生理机制。花卉是在必需的最低和最高温度之间进行生命活动的，只有当温度的量和持续的时间在最适宜的情况下，花卉才能健壮生长。

1. 花卉对温度的要求

通常把花卉生长发育所要求的最高温度、最低温度和最适温度叫作花卉生育的三基点温度。由于原产地不同，花卉对温度的要求有很大差异。一般来说，原产热带地区的基点温度要求较高，如仙人掌类在15～18℃才开始生长，并可以忍耐50～60℃的高温；而原产寒带的花卉对三基点温度要求较低，如雪莲在4℃时开始生长，能忍耐−30～−20℃的低温；原产温带地区的花卉对三基点温度的要求介于上述两者之间。此外，同一种花卉由于所处的发育阶段不同，对温度的要求也不一样，例如，水仙花花芽分化的最适温度为13～14℃，而花芽伸长的最适温度仅为9℃左右。温度同时直接影响花卉一系列的生理过程，特别是花器官的形成更要求一定的温度。牡丹、杜鹃甚至在花芽形成之后还必须经一定低温(2～3℃)，才能在适温(15～20℃)下开放。在花卉栽培过程中，应尽可能给予它与

原产地近似的生态条件。

温度应经常考虑三种情况：一是极端最高、最低温度值和持续的时间；二是昼夜温差的变化幅度；三是冬夏温差变化的情况。这些都是促成或限制花卉生长发育和生存的条件。根据不同花卉对温度的要求，一般可分为以下三种类型：

（1）耐寒性花卉。原产于寒带或温带地区的露地二年生草本花卉、部分宿根及球根花卉等。这类花卉耐寒性强，一般能耐0℃以上的低温，其中一部分能忍受-10～-5℃的低温，在我国华北和东北南部地区均可露地安全越冬，如玉簪、萱草、蜀葵、玫瑰、丁香、迎春、紫藤、海棠、榆叶梅、金银花等。此外，大花三色堇、二月兰、金盏菊、雏菊、紫罗兰、桂竹香等在长江流域一带露地栽培时可保持绿色越冬，继续生长，有的还可继续开花，其开花适温为5～15℃。

（2）半耐寒性花卉。半耐寒性花卉原产于温带较暖和的地区。这类花卉耐寒力介于耐寒性与不耐寒性花卉之间，通常要求冬季温度在0℃以上，在我国长江流域能够露地安全越冬，在“三北”地区（东北、西北和华北）稍加保护也可露地越冬，如金鱼草、金盏菊、牡丹、芍药、石竹、翠菊、郁金香、月季、梅花、棕榈、夹竹桃、桂花、广玉兰等。

（3）不耐寒性花卉。不耐寒性花卉原产于热带及亚热带地区，包括露地一年生草本花卉和温室花卉。这类花卉喜高温环境，耐热，忌寒冷，要求温度不低于8℃；一般不得低于5℃，在华南和西南南部均可露地越冬，在其他地区均需温室越冬，故有时也称温室花卉，如一串红、鸡冠花、百日草、文竹、扶桑、变叶木、仙人掌类及其他多浆植物等。这类花卉在生长期间要求高温，不能忍受0℃以下的低温，其中一部分种类甚至不能忍受5℃左右的温度，在这样的温度下则停止生长甚至死亡，秋海棠类、彩叶草、吊兰、大岩桐、茉莉等要在10～15℃的条件下才能正常越冬，而王莲在25℃以上才能越冬。温室花卉依据原产地不同可分为以下三类：

1）低温温室花卉。多原产于温带南部，为半耐寒性花卉，生长期要求温度为5～8℃，夜间最低温度在3～5℃之间，如报春、小苍兰、紫罗兰、瓜叶菊、倒挂金钟等。

2）中温温室花卉。多原产于亚热带，生长期要求温度为8～15℃，夜间温度为8～10℃，如仙客来、香石竹、天竺葵等。

3）高温温室花卉。原产于热带，生长期要求温度高于15℃，也可高达30℃左右，就一般种类而言，最低温度达10℃时则生长不良，如变叶木、凤梨、王莲等。

花卉的耐寒能力与耐热能力是息息相关的。一般来说，耐寒能力与耐热能力成反比关系，即耐寒能力强的花卉一般都不耐热。就种类而言，水生花卉的耐热能力最强，其次是一年生草本花卉以及仙人掌类植物，再次是扶桑、夹竹桃、紫薇、橡皮树、苏铁等木本花卉。而牡丹、芍药、菊花、石榴、大丽花等耐热性较差，却相当耐寒。耐热能力最差的是秋植球根花卉，此外是仙客来、秋海棠、倒挂金钟等，这类耐热性差的花卉的栽培养护关键环节是降温越夏，同时还要注意通风。但也有一些花卉既不耐寒，又不耐热，如君子兰、仙客来、倒挂金钟等。

2. 不同生育时期对温度的要求

花卉在不同的生长发育阶段对温度的要求也有所变化。

一般而言，一年生花卉种子的萌发可在较高温度下（尤其是土壤温度）进行。一般喜温花卉的种子发芽温度以25～30℃为宜；而耐寒花卉的种子发芽可以在10～15℃或更低时就开始。幼苗期要求温度较低，幼苗渐渐长大又要求温度逐渐升高，这样有利于进行同化作用并积累营养。至开花结实阶段，多数花卉不再要求高温条件，相对低温有利于生殖生长。一般规律是：播种期（即种子萌发期）要求温度高；幼苗生长期要求温度较低；旺盛生长期需要较高的温度，否则容易徒长，而且营养物质积累不够，影响开花结实；开花结实期要求相对较低的温度，有利于延长花期和籽实的成熟。

二年生草本花卉幼苗期大多要求经过一个低温阶段（1～5℃），以利于通过春化阶段；否则不能进行花芽分化，进入旺盛生长期则要求较高的温度环境。播种期要求较低的温度（相对于一年生花卉而言），一般为16～20℃。幼苗生长期需要有一个更低的低温阶段(相对于播期而言)，以促进春化作用完成，这一时期的温度越低（但不能超过能忍耐的极限低温），通过春化阶段所需的时间越短。旺盛生长期要求较高的温度，开花结实期同样需要相对较低的温度，以延长观赏时间，并保证籽实充实、饱满。因此，每种花卉的不同生长发育时期对温度的要求（或者说对温度的适应）有很大的区别，认识这些区别是栽培上的一个重要问题。

研究温度对花卉生长发育的影响时，还要注意土温、气温和花卉体温之间的关系。土温与气温相比是比较稳定的，距离土壤表面越深，温度变化越小，所以，花卉根的温度变化也较小，根的温度与土壤温度之间差异不大。地上部的温度则由于气温的变化而变化很大，当阳光直射叶面时，其温度可以比周围的气温高出2～10℃，这是阳光引起花卉叶片灼伤的原因。此外，若温室结构不合理，会造成一定程度的聚光，灼伤植物，宜采取遮阴措施。到了夜间，叶子表面的温度可以比气温低些。

植物的根一般多不耐寒，但对于越冬的多年生花卉，往往地上部已受冻害，而根部还可以正常存活。这是由于土壤温度比气温变化小，冬季的土壤温度比气温高。春暖后，土温稍微升高，根的生理机能即开始恢复。

3. 高温及低温的障碍

花卉的生长发育并不总是处于最适宜的温度，因为自然气候的变化是不以人们的意志为转移的。温度过高或过低都会造成生产上的损失。

在温度过低的环境下，生理活性停止，甚至死亡。低温受冻的原因主要是植物组织内的细胞间隙结冰，细胞内含物、原生质失去水分，导致原生质的理化性质发生改变。花卉的种类不同，细胞液的浓度也不同，甚至同种花卉在不同的生长季节及栽培条件下，细

胞液的浓度也不同，因而它们的抗寒性（耐寒性）也不同。细胞液的浓度高，冰点低，较能耐寒，利用温床、温室、风障、阳畦及塑料薄膜覆盖等，都能提高温度，防止冻害，增加植物本身的抗寒能力也是一个重要的方面。

高温障碍是由强烈的阳光与急剧的蒸腾作用相结合引起的。当气温升高到生长的最适温度以上时，生长速度开始下降。高温直接导致茎叶死亡的情况是少见的，但由于高温引起植物体失水，因而产生原生质的脱水和原生质中蛋白质的凝固，则是较常见的。高温障碍可使部分花卉产生落花落果、生长瘦弱等现象，某些温带原产的花卉，在亚热带地区，由于不适应酷热，导致叶片灼伤枯黄，危害生长。

我国农民积累了多年的生产经验，创造了许多抗寒、抗热的方法。如在东北南部，将花卉的根颈部分埋到封冻的土中，可以忍耐-20～-10℃的低温。长江流域的温床育苗和华北的风障、阳畦都是防冻的措施。南方搭篷遮阴、广东水坑栽培等也可以起到降低夏季高温的作用。

4. 温周期的作用

花卉所处的环境中温度总是变化的，有两个周期性的变化，即季节的变化及昼夜的变化。

在一天中白天温度较高，晚上温度较低，尤其在大陆性气候地区（如西北各地及新疆、内蒙古等），昼夜温差更大。植物的生活也适应了这种昼热夜凉的环境。白天有阳光，光合作用旺盛，夜间无光合作用，但仍然有呼吸作用，夜间温度较低，可以减少呼吸作用对能量的消耗。因而周期性的温度变化对植物的生长与发育是有利的，许多花卉都要求有这样的变温环境，才能正常生长。如热带花卉的昼夜温差应在3～6℃之间，温带花卉在5～7℃之间，而沙漠植物，如仙人掌则要求相差10℃以上。这种现象称为温周期。

昼夜温差也有一定的范围。如果日温高，而夜温过低，也生长不好。不同花卉的昼、夜最适温度是不同的。

有许多要求低温通过春化的植物，仅仅有夜间低温，也可达到与昼夜连续低温相同的作用。

在自然界中，温周期的变化与光周期的变化是密切相关的。植物昼夜间有对光照变化的反应，也有相应的对温度变化的反应，从开花的生理意义上讲，高温相当于光照的作用，而低温相当于黑暗的作用。

5. 温度与花芽分化及花的发育

（1）在低温下进行花芽分化。有些花卉开花之前需要一定时期的低温刺激，这种需要低温阶段才能开花的现象称为春化作用。冬性越强的花卉要求温度越低，持续时间也越长。许多原产于温带中北部及各地的高山花卉，其花芽分化多要求在20℃以下较凉爽的气候条件下进行，如八仙花、卡特兰属和石斛属的某些种类，在13℃左右和短日照下可促进花芽分化，一些秋播花卉，如金盏菊、雏菊、金鱼草、飞燕草、花菱草、虞美人、石竹类、蜀葵、三色堇、羽衣甘蓝、桂竹香、紫罗兰、香豌豆、大花亚麻、美女樱、洋地黄等都要求在低温下进行花芽分化。近年的研究指出，除冬性花卉外，其他种类的花卉也表现出类似的春化现象。

（2）在高温下进行花芽分化。有些花卉在20℃或更高的温度下通过春化阶段进行花芽分化，实际这已超出了春化作用的最初含义。许多花木类，如杜鹃、山茶、梅、桃、樱花、紫藤等都在六至八月气温高至25℃以上时进行花芽分化，入秋后，植物体进入休眠，经过一定低温后结束或打破休眠而开花。许多球根花卉的花芽也在夏季较高温度下进行分化，如唐菖蒲、晚香玉、美人蕉等春植球根于夏季生长期进行花芽分化，而郁金香、风信子等秋植球根则在夏季休眠期进行花芽分化。其他如醉蝶花、紫茉莉、半支莲、鸡冠花、千日红、含羞草、月见草、凤仙花、风船葛、长春花、茑萝、彩叶草、一串红、烟草花、矮牵牛、蛇目菊、波斯菊、麦秆菊、百日草等也都是在高温条件下进行花芽分化的。

温度对于分化后花芽的发育也有很大影响。荷兰的Blaauw等通过研究温度对几种球根花卉花芽发育的影响后认为：花芽发育以高温为最适的有郁金香、风信子、水仙等。花芽分化后的发育，初期要求低温，以后温度逐渐升高能起促进作用，低温最适值和范围因花卉种类及品种而异，如郁金香为2～9℃，风信子为9～13℃，水仙为5～9℃，必要的低温时期为6～13周。

温度的高低还会影响花色。如蓝白复色的矮牵牛，蓝色和白色部分的多少受温度的影响，在30～35℃高温下，花呈蓝色或紫色，而在15℃以下呈白色，在15～30℃时，则呈蓝和白的复色花。此外，月季、大丽花、菊花等在较低温度下花色浓艳，而在高温下则花色暗淡。喜高温的花卉在高温下花朵色彩艳丽，如荷花、半支莲、矮牵牛等；而喜冷凉的花卉，如遇30℃以上的高温则花朵变小，花色黯淡，如虞美人、三色堇、金鱼草、菊花等。

多数花卉开花时如遇气温较高、阳光充足的条件，则花香浓郁，不耐高温的花卉遇高温时香味变淡。这是由于参与各种芳香油形成的酶类的活性与温度有关。花期气温高于适温时，花朵提早脱落；同时，高温干旱条件下，花朵香味持续时间也缩短。

二、光照

光是植物的生命之源。没有光照，植物就不能进行光合作用，其生长发育也就没有物质来源和物质保障。一般而言，光照充足，光合作用旺盛，形成的碳水化合物多，花卉体内干物质积累就多，花卉生长和发育就健壮。而且，碳氮比（C/N）高，有利于花芽分化和开花，因此，大多数花卉只有在光照充足的条件下才能花繁叶茂。一般说来，光照对花卉的影响主要表现在光照强度、光照时间和光质三个方面。

1. 光照强度对花卉的影响

不同种类的花卉对光照强度的要求是不同的，主要与它们的原产地光照条件相关。

一般原产热带和亚热带的花卉因当地阴雨天气较多，空气透明度较低，往往要求较低的光照强度，将它们引种到北方地区栽培时通常需要进行遮阴处理。而原产于高海拔地带的花卉则要求较强的光照条件，而且对光照中的紫外光要求较高。根据花卉对光照强度的要求不同，可以分为以下三种类型：

（1）阳性花卉。阳性花卉喜强光，不耐荫蔽，具有较高的光补偿点，在阳光充足的条件下才能正常生长发育，发挥其最大观赏价值。如果光照不足，则枝条纤细、节间伸长、枝叶徒长、叶片黄瘦，花小而不艳、香味不浓，开花不良或不能开花。

阳性花卉包括大部分观花、观果类花卉和少数观叶花卉，如一串红、茉莉、扶桑、石榴、柑橘、月季、梅花、菊花、玉兰、棕榈、苏铁、橡皮树、银杏、紫薇等。

（2）阴性花卉。阴性花卉多原产于热带雨林或高山阴坡及林下，具有较强的耐阴能力和较低的光补偿点，在适度荫蔽的条件下生长良好，如果强光直射，则会使叶片焦黄枯萎，长时间会造成死亡。

阴性花卉主要是一些观叶花卉和少数观花花卉，如蕨类、兰科、苦苣苔科、姜科、秋海棠科、天南星科以及文竹、玉簪、八仙花、大岩桐、紫金牛、肺心草等。其中一些花卉可以较长时间地在室内陈设，所以又称为室内观赏植物。

（3）中性花卉。中性花卉对光照强度的要求介于上述两者之间，它们既不耐阴，又怕夏季强光直射，如萱草、耧斗菜、桔梗、白芨、杜鹃、山茶、白兰花、栀子、倒挂金钟等。

一般植物的最适需光量为全日照的50%～70%，多数在50%以下会生长不良。当日光不足时，植株徒长，节间延长，花色不正，花香不足，花期延迟，而且易感染病虫害。有些花卉对光照的要求因季节变化而不同，如仙客来、大岩桐、君子兰、天竺葵、倒挂金钟等夏季需适当遮阴，但在冬季又要求阳光充足。此外，同一种花卉在其生长发育的不同阶段对光照的要求也不一样。一般幼苗繁殖期需光量低一些，有些甚至在播种期需要遮光才能发芽；幼苗生长期至旺盛生长期则需逐渐增加需光量；生殖生长期则因长日照、短日照等习性不同而不一样。各类喜光花卉在开花期若适当减弱光照，不仅可以延长花期，而且能保持花色艳丽，而各类绿色花卉，如绿月季、绿牡丹、绿菊花、绿荷花等在花期适当遮阴则花色纯正，不易褪色。

花卉与光照强度的关系不是固定不变的。随着年龄和环境条件的改变会相应地发生变化，有时甚至变化较大。

光照强度对花色也有影响。紫红色花是由于花青素的存在而形成的，花青素必须在强光下才能产生，而在散光下不易形成，如春季芍药的紫红色嫩芽以及秋季红叶均为花青素的颜色。

2. 光照时间对花卉的影响

花卉开花的多少、花朵的大小等除了与其本身的遗传特性有关外，光照时间的长短对花卉花芽分化和开花也具有显著的影响。一般在同一植株上，充分接受光照的枝条花芽多，受光不足的枝条花芽较少。根据花卉对光照时间的要求不同，通常将花卉分为以下三类：

（1）长日照花卉。长日照花卉要求每天的光照时间必须长于一定的时间（一般在12小时以上）才能正常形成花芽和开花，如果在发育期不能提供这一条件，就不会开花或延迟开花，如令箭荷花、唐菖蒲、风铃草类、天竺葵、大岩桐、黑鳗藤等。日照时间越长，这类花卉生长发育越快，营养积累越充足，花芽多而充实，因此花多、色艳，种实饱满；否则植株细弱，花小、色淡，结实率低。唐菖蒲是典型的长日照植物，为了周年供应唐菖蒲切花，冬季在温室栽培时，除需要高温外，还要用灯光来增加光照时间。通常春末和夏季为自然花期的花卉是长日照植物。

（2）短日照花卉。短日照花卉要求每天的光照时间必须短于一定的时间（一般在12小时以内）才有利于花芽的形成和开花。这类花卉在长日照条件下花芽难以形成或分化不足，不能正常开花或开花少，一品红和菊花是典型的短日照植物，它们在夏季长日照的环境下只进行营养生长而不开花，入秋以后，日照时间减少到10～11小时，才开始进行花芽分化。多数在秋、冬季开花的花卉属于短日照植物。

（3）日中性花卉。日中性花卉对光照时间长短不敏感，只要温度适合，一年四季都能开花，如月季、扶桑、天竺葵、美人蕉、香石竹、矮牵牛、百日草等。

3. 光质对花卉的影响

光质又称光的组成，是指具有不同波长的太阳光的成分。太阳光的波长范围在150～4 000纳米之间，其中波长为380～770纳米的光（即红、橙、黄、绿、青、蓝、紫）是太阳辐射光谱中具有生理活性的波段，称为光合有效辐射，占太阳总辐射的52%，不可见光中紫外线占5%，红外线占43%。不同波长的光对植物生长发育的作用不尽相同。植物同化作用吸收最多的是红光，其次为黄光，蓝紫光的同化效率仅为红光的14%。红光不仅有利于植物碳水化合物的合成，还能加速长日照植物的发育；短波的蓝紫光则能加速短日照植物的发育，并能促进蛋白质和有机酸的合成。一般认为短波光可以促进植物的分蘖，抑制植物伸长，促进多发侧枝和芽的分化；长波光可以促进种子萌发和植物的高生长；极短波光则促进花青素和其他色素的形成，高山地区及赤道附近极短波光较强，花色鲜艳，就是这个道理。

光的有无和强弱也影响花蕾开放的时间。例如，半支莲、酢浆草必须在强光下才能开放，紫茉莉、晚香玉需在傍晚时盛开，香气更浓，昙花则在夜晚开，牵牛只盛开于晨曦，大多数花卉则晨开夜闭。

另外，光对花卉种子的萌发有不同的影响。有些花卉的种子，曝光时发芽比在黑暗中发芽的效果好，一般称为光性种子，如报春花、秋海棠、六倍利等，这类好光性种子播种后不必覆土或稍覆土即可。有些花卉的种子需要在黑暗条件下发芽，通常称为嫌光性种

子，如喜林草属、伐塞利阿花属等，这类种子播种后必须覆土，否则不会发芽。

三、水分

水是植物体的重要组成部分和光合作用的重要原料之一，无论是植物根系从土壤中吸收和运输养分，还是植物体内进行一系列生理生化反应都离不开水，水分的多少直接影响着植物的生存、分布、生长和发育。如果水分供应不足，种子不能萌发，插条不能发根，嫁接不能愈合，生理代谢（如光合作用、呼吸作用、蒸腾作用等）也不能正常进行，更不能开花结果，严重缺水时还会造成植株凋萎，以致枯死；反之，如果水分过多，又会造成植株徒长、烂根，抑制花芽分化，刺激花蕾脱落，不仅会降低观赏价值，严重时还会造成死亡。

1. 花卉对水分的需求

由于花卉种类不同，需水量有极大差别，这同原产地的雨量及其分布状况有关。为了适应环境的水分状况，植物体在形态和生理机能上形成了独自的特点。根据花卉对水分的要求不同，一般分为以下五种类型：

（1）旱生花卉。旱生花卉多原产于热带干旱、沙漠地区或雨季与旱季有明显区分的地带。这类植物根系较发达，肉质植物体能贮存大量水分，细胞的渗透压高，叶硬质刺状、膜鞘状或完全退化，能忍受长期干旱的环境而正常生长发育。常见栽培的如仙人掌类、仙人球类、石生花、大芦荟、日中花、泥鳅掌、青锁龙、龙舌兰等。在栽培管理中，应掌握宁干勿湿的浇水原则，防止水分过多造成烂根、烂茎而死亡。

（2）半旱生花卉。半耐旱花卉叶片多呈革质、蜡质状、针状、片状或具有大量茸毛，如山茶、杜鹃、白兰、天门冬、梅花、蜡梅以及常绿针叶植物等，这类花卉的浇水原则是干透浇透。

（3）中生花卉。绝大多数花卉属于这种类型，不能忍受过干和过湿的条件，但是由于种类众多，因而对干与湿的忍耐程度具有很大差异。耐旱力极强的种类具有旱生植物性状的倾向，耐湿力极强的种类则具有湿生植物性状的倾向。中生花卉的特征是根系及输导系统均较发达，叶片表皮有一层角质层，叶片的栅栏组织和海绵组织均较整齐，细胞液渗透压为（5.07～25.33）$\times 10^5$帕，叶片内没有完整而发达的通气系统。常见的花卉中不怕积水的如大花美人蕉、栀子花、凌霄、南天竹、棕榈等，怕积水的如月季花、虞美人、桃花、辛夷、金丝桃、西番莲、大丽花等。给这类花卉浇水要掌握见干见湿的原则，即保持60%左右的土壤含水量。

（4）湿生花卉。湿生花卉多原产于热带雨林中或山涧溪旁，喜生于空气湿度较大的环境中，若在干燥或中生的环境下常致死亡或生长不良。湿生花卉由于环境中水分充足，所以，在形态及机能上就没有防止蒸腾和扩大吸水的构造，其细胞液的渗透压也不高，一般为（8.11～12.16）$\times 10^5$帕。其中喜阴的如海芋、华凤仙、翠云草、合果芋、龟背竹

等，喜光的如水仙、燕子花、马蹄莲、唐菖蒲等。在养护中应掌握宁湿勿干的浇水原则。

（5）水生花卉。生长在水中的花卉称为水生花卉。水生植物根或茎一般都具有较发达的通气组织，在水面以上的叶片大，在水中的叶片小，常呈带状或丝状，叶片薄，表皮不发达，根系不发达。它们适宜在水中生长，如荷花、睡莲、王莲等。

2. 花卉的不同生育阶段与水分的关系

同种花卉在不同的生育阶段对水分的需求各不相同。种子萌芽期需要较多的水分，以便透入种皮，有利于胚根的抽出，并供给种胚必要的水分。种子萌发后，在幼苗期因根系浅而瘦弱，根系吸水力弱，保持土壤湿润状态即可，不能太湿或有积水，需水量相对于萌芽期要少，但应充足。旺盛生长期需要充足的水分供应，以保证旺盛的生理代谢活动顺利进行。生殖生长期(即营养生长后期至开花期)需水较少，空气湿度也不能太高，否则会影响花芽分化、开花数量及质量。

水分对花卉的花芽分化及花色也有影响。一般情况下，适当控制对花卉水分的供应有利于花芽的分化，如风信子、水仙、百合等用30～35℃的高温处理种球，使其脱水可以使花芽提早分化并促进花芽的伸长。此外，在栽培上常用“扣水”的方法来促进花芽分化，控制花期。水分对花色的影响也很大，水分充足才能显示花卉品种色彩的特性，花期也长，水分不足的情况下花色深暗，如蔷薇、菊花表现很明显。

3. 水分的调节

花卉对水分的需求量主要与其原产地水分条件、花卉的形态结构及其生长发育时期等有关。首先，原产于热带和热带雨林的花卉需水量大，而原产于干旱地区的花卉由于比湿润地区的气孔少，储水能力较强，需水量相对较少。其次，叶片大、叶质柔软或薄而光滑的花卉需水量大，叶片细小、叶质硬或具蜡质或密被茸毛的则需水量少，这也是针叶植物较阔叶植物耐旱的原因。

花卉对水分的消耗取决于生长状况。休眠期的鳞茎和块茎，不仅不需要水，有水反而会引起腐烂。如朱顶红种植后只要保持土壤湿润，便会终止休眠，生出根来，一旦抽出花茎，蒸腾增加，就需少量灌水，当叶子大量发育后，就需充足供水。又如四季秋海棠重剪之后，失去很多叶片，减少了蒸腾面积，就应控制灌水，以防因土壤积水引起烂根。因此，应经常注意保持根系与叶幕的平衡，并且通过灌水加以调节。

多肉植物在冬季休眠期温度在10℃以下时可以不灌水，其他半肉质植物（如天竺葵等）也可使用上述处理方法。

根自土壤中吸收水分受土温的影响，不同植物间也有差别。原产热带的花卉在10～15℃间才能吸水，原产寒带的藓类甚至在0℃以下还能吸水，多数室内花卉在5～10℃之间。土温越低植物吸水越困难，根不能吸水也就越容易引起积水。

空气湿度也会影响一些花卉的生长。许多花卉要求60%～90%的相对湿度，因此常常需要通过空中喷雾和地面洒水以提高空气湿度。

四、空气

空气对观赏植物的影响是多方面的。如氧气是植物呼吸作用必不可少的，如果氧气缺乏，植物根系的正常呼吸作用就会受到抑制，不能萌发新根，严重时嫌气性有害细菌就会大量滋生，引起根系腐烂，造成全株死亡。

1. 空气成分与花卉的生长发育

影响花卉生长发育的气体中，主要是氧和二氧化碳。一般大气中含氧约为21%，氮约为79%，而二氧化碳只有0.03%（300毫升/立方米）左右，还有其他微量气体。大气中二氧化碳虽然很少，但在植物生活中作用很大，光合作用就是将二氧化碳和水同化为有机物。一般氧在大气中的含量是足够的，但土壤中会由于水涝或土壤板结而缺氧，从而影响根的呼吸，进而影响乙烯的生物合成。

（1）二氧化碳(CO_2)。二氧化碳是植物进行光合作用的原料之一，在一定范围内，随着浓度的提高，光合作用加强，有利于植物生长发育。但是如何增加大气中二氧化碳的含量?二氧化碳的含量是否越多越好?要增加二氧化碳的含量，在保护地里是比较现实的。酿热温床利用的酿热物，包括垃圾、厩肥等有机物的发酵及分解会释放出二氧化碳，可增加温床中二氧化碳的含量。在温室及塑料大棚里，可以人为地增加二氧化碳的含量，即所谓“二氧化碳施肥”，已在国外大量应用，取得了良好的效果，是温室花卉栽培的一项新技术，我国一些地方的塑料大棚及温室也在应用。

由于大气中二氧化碳的含量只有300毫升/立方米，远远不能满足光合作用的要求。据试验（Lind Strom，1968）表明，温室中二氧化碳的浓度增加到1 500毫升/立方米以上时，菊花的茎长、干物重和花茎均有所增加。此外，二氧化碳施肥在香石竹以及月季的栽培中均已获得优良的效果，大大提高了产品的数量和质量。但在实际生产中二氧化碳施肥也有一定的限制，因为人体对二氧化碳的安全极限为5 000毫升/立方米，一般温室可以维持在1 000～2 000毫升/立方米。

大气中二氧化碳的含量为300毫升/立方米左右，这是平均值。事实上，在不同高度，尤其是作物群体的不同垂直高度，二氧化碳的浓度不同。一年中的不同季节及一天中的不同时刻，浓度也不同。一年中地面二氧化碳的浓度以四月、五月、六月较低，而冬季的十一月、一月、二月浓度较高。一天中则以0:00—7:00较高，而12:00—18:00较低，即在一天中凌晨时最高。在植物群体中，冠层内的空气成分与冠层外的空气成分相差很大。在群体中由于光合强度和呼吸强度的不同，其空气组成在同一冠层的纵剖面上部及下部也不同。在一般情况下，冠层的中、上部往往相当于叶面积指数（LAD）最大的地方，由于光合作用的消耗，二氧化碳的含量在整个冠层剖面中最少，近地面处，浓度稍高，而到冠层的最上层浓度又逐渐增加。这种二氧化碳的剖面分布，刚好与温度的变化相反。这些变化又受风速的影响。在大田里，风速是影响作物群体的二氧化碳以及温度、湿度的主要因素。如果风速小，空气不流通，则冠层中的二氧化碳就会由于光合作用的消耗而相对稀少，这对于光合作用的加强及物质的积累都不利。如果有一定的风速，可以增加冠层中二氧化碳的含量，因为新鲜的空气（即冠层外的空气）中二氧化碳的浓度比冠层内的要高。这对于夏季栽培的花卉更为重要，因此通风和透光是培养优质花卉和提高产量的两个重要因素。

但是通风的强度也有一个范围，风速并不是越大越好。有试验表明（Wilson，1958），当风速在200厘米/秒以内时，风速增加，生长率也增加(由于增加了二氧化碳的供应)，但风速高于200厘米/秒时，生长率又由于风速过大而引起的干燥及机械倒伏而下降。一般以风速100厘米/秒（相当于气象上的二级风左右）较为适宜。

（2）氧。在花卉栽培生产上，空气中氧的含量常与种子发芽、土壤管理以及中耕排水等密切相关。种子发芽需要氧的供给，种子直播时，要求土壤不板结。排水不良、土温低和缺氧对种子发芽及根的生长都不利。

2. 空气污染对花卉的危害

除去正常成分外，空气中还存在一些对植物生长和发育有害的气体，如二氧化硫、氟化氢、氯气、一氧化碳、氯化氢、硫化氢及臭氧等。有毒气体主要是通过气孔，也可以通过根部进入植物体中。它的危害程度一方面决定于其浓度，另一方面决定于植物本身的表面保护组织、气孔开张程度、细胞中和气体的能力和原生质的抵抗力等。危害花卉的主要有毒气体有：

（1）二氧化硫。主要由工厂的燃料燃烧所产生，当空气中二氧化硫的浓度达到0.2毫升/立方米时，几天后，就能使植物受害，浓度越高，危害越严重。二氧化硫是我国当前主要的大气污染物，对花卉的危害也较严重。二氧化硫在大气中易被氧化为三氧化硫，由于二氧化硫首先是从叶片气孔周围细胞开始侵入，然后逐渐扩散到海绵组织，进而危害栅栏组织，使细胞叶绿体遭到破坏，组织脱水并坏死，所以症状首先在气孔周围及叶缘出现，开始呈水浸状，然后叶绿素被破坏，在叶脉间出现斑点。对二氧化硫比较敏感的花卉有矮牵牛、波斯菊、百日草、蛇目菊、玫瑰、石竹、唐菖蒲、天竺葵、月季等；抗性中等的有紫茉莉、万寿菊、蜀葵、鸢尾、四季秋海棠等；抗性强的有美人蕉等。

三氧化硫也是燃料燃烧不良时产生的，当浓度达到5毫升/立方米时，几小时后，植物即出现病斑。

（2）氟化氢（HF）。通过叶的气孔或表皮吸收进入细胞内，经一系列反应转化成有机氟化物而影响酶的合成，导致叶组织发生水渍斑，而后变枯呈棕色。氟化物对植物的危害首先表现在叶尖和叶缘，呈环带状，然后逐渐向内发展，严重时引起全叶枯黄脱落。对氟特别敏感的花卉有唐菖蒲、郁金香、玉簪、杜鹃、梅花等，而对含硅、钙的植物，仅见局部危害，很少转移；抗性中等的有桂花、水仙、杂种香水月季、天竺葵、山茶花、醉蝶花等；抗性强的有金银花、紫茉莉、玫瑰、洋丁香、广玉兰、丝兰等。

大气氟化物污染的程度不如二氧化硫严重，范围也较小，但对植物的毒性要比二氧化硫重10～100倍，当大气中含1～5毫升/立方米氟化物时，较长时间接触就会产生药害。

（3）氯。有些化工厂的废气中含有氯，乙烯树脂原料不纯所制成的塑料薄膜也会放出少量氯。氯的毒性比二氧化硫大2～4倍，能很快破坏叶绿素，使叶片褪色漂白脱落。初期伤斑主要分布在叶脉间，呈不规则点或块状，与二氧化硫危害症状不同之处为受害组织与健康组织之间没有明显界限。对氯敏感的花卉有珠兰、茉莉等，在0.1毫升/立方米浓度下接触1小时即可见到症状；低于0.1毫升/立方米时，时间延长，也可使叶绿素分解，叶黄化；抗性中等的有米兰、醉蝶花、夜来香等；抗性强的有杜鹃花、一串红、唐菖蒲、丝兰、桂花、白兰花等。

（4）氨。在保护地中使用大量有机肥或无机肥常会产生氨，危害保护地内的花卉。当氨气在40毫升/立方米熏1小时，可以产生伤害。尿素施后也会产生氨，尤其在施后的第三到第四天最易发生，所以施尿素后要盖土或灌水，避免产生氨害。当氨气与花卉接触时，常发生黄叶现象。

（5）臭氧。汽车排出气体中的二氧化氮经紫外线照射后产生一氧化氮和氧原子，后者立即与空气中的氧化合成臭氧。臭氧危害植物栅栏组织的细胞壁和表皮细胞，在叶片表面形成红棕色或白色斑点，最终导致花卉枯死。

所有有毒气体都在白天、光照强、温度高、湿度大时危害较严重，应通过环境保护减少有毒气体的产生。适当使用一些生长抑制剂，对提高植物的抗逆性有一定的作用。总之，不同种类花卉对有害气体的抗性有很大差异。

五、土壤

土壤是栽培观赏植物的重要基质，土壤质地、物理性质和酸碱度都不同程度地影响观赏植物的生长发育。一般要求栽培所用土壤应具备良好的团粒结构，疏松、肥沃，排水和保水性能良好，并含有较丰富的腐殖质，酸碱度适宜。但是，由于植物种类不同，对土壤的要求也有较大的差异。

1. 花卉生长对土壤的要求

（1）土壤质地。通常按照土壤矿质颗粒的大小将土壤分为沙土类、黏土类和壤土类三种，其间又可将介乎沙土和壤土之间者称为沙壤土；介乎壤土和黏土之间者称为黏壤土。

1）沙土类。颗粒大，粒径0.05～1.0毫米，土壤通透性好，透水排水快，但缺乏毛管孔隙，保水保肥能力差，热容量小，昼夜温差大，肥料分解快，有机质含量少，肥效猛但肥力短。适用于培养土的配制及作为黏土改良的组分之一，也可作扦插及播种基质及耐干旱花木的栽培。

2）黏土类。粒径小于0.001毫米，土壤黏粒含量较多，其粒间孔隙小而总孔隙度大，毛细管作用强烈，透水透气性差，但保水保肥性强。此类土壤不利于花卉的生长。

3）壤土类。土粒大小适中，粒径介于0.001～0.05毫米，性状介于沙土及黏土之间，既有较强的保水、保肥能力，又有良好的通透性，有机质含量多，土温比较稳定。适合于大多数花卉的生长发育。

露地栽培的观赏植物由于根系能够自由伸展，对土壤的要求一般不甚严格，只要土层深厚，通气和排水良好，并具有一定肥力就可利用。而盆栽时，由于根系的伸展受到花盆限制，因此盆栽用土除物理性状上能满足其种性要求外，还必须含有充足的营养物质。盆栽用土的质量对培养盆栽观赏植物起着关键作用。

培养土通常是由园土、河沙、腐叶土、松针土、泥炭土和煤烟灰等材料按一定比例配制而成的。园土一般取白菜园、果园或种过豆科农作物的表层土壤，它们都具有一定的肥力和良好的团粒结构，是调制培养土的主要原料之一，但缺水时，表层容易板结，湿时透气、透水性差，不能单独使用。河沙颗粒较粗，不含杂质，通气和透水性能良好，也是培养土的主要成分，并可单独用于扦插或播种繁殖，但是河沙不具团粒结构，没有肥力，保水性能也较差。腐叶土是用落叶和园土加肥堆积沤制而成的，一般肥力较充足，含腐殖质多，质地疏松，通气、排水性能良好，是较理想的基质材料，可用来配制培养土，也可单独使用栽培观赏植物，但是腐叶土中生物碱含量较高，呈微碱性反应，使用时应根据需要加以调整。泥炭土是由一些水生植物经腐烂、炭化、沉积而成的草甸土，其质地松软，通气、透水及保水性能都非常好，其中还含有一种胡敏酸，对插条产生愈伤组织和生根极为有利，常作为培养土的成分和扦插基质，但泥炭土没有肥力。煤烟灰通气和透水性好，不板结，并含有一定量的营养元素，用它代替河沙调制培养土时，可以减轻盆土的质量。

培养土一般可以分为以下三种：

①黏重培养土。园土6份、腐叶土2份、河沙2份，适于栽培多数木本花卉。

②中培养土。园土4份、腐叶土4份、河沙2份，适于栽培多数一二年生草本花卉。

③轻松培养土。园土2份、腐叶土6份、河沙2份，适于栽培宿根或球根花卉。

此外，还要根据不同植物种类在不同生长发育阶段的要求，调整所用培养土的类型和配制比例。

（2）土壤结构。土壤结构影响土壤热、水、气、肥的状况，在很大程度上反映了土壤肥力水平。土壤结构有团粒状、块状、核状、柱状、片状、单粒结构等。团粒结构最适宜植物的生长，是最理想的土壤结构。因为团粒结构是由土壤腐殖质把矿质颗粒相互黏结成直径为0.25～10.0毫米的小团块而形成的，外表呈球形，表面粗糙，疏松多孔，在湿润状态时手指稍用力才能压碎，放在水中能散成微团聚体。团粒结构是土壤肥料协调供应的调节器，有团粒结构的土壤，其通气、持水、保温、保肥性能良好，而且土壤疏松多孔，利于种子发芽和根系生长。

（3）土壤通气性与土壤水分。土壤空气决定于土壤孔隙度和含水量。由于土壤中存在大量活动旺盛的生物，它们的呼吸均需消耗大量氧气，故土壤氧气含量低于大气，在10%～21%之间。通常土壤氧含量从12%降至10%时，根系的正常吸收功能开始下降，氧含量低至一定限度时（多数植物为3%～6%）吸收停止，若再降低则会导致已积累的矿质离子从根系排出。土壤二氧化碳（CO_2）的含量远高于大气，可达2%或更高，虽然二氧化碳被根系固定成有机酸后，释放的氢离子可与土壤阳离子进行交换，但高浓度的二氧化碳阳碳酸氢根离子对根系呼吸及吸收均会产生毒害，严重时使根系窒息死亡。

土壤水分对植物的生长发育起着至关重要的作用，俗语说："有收无收在于水"。适宜的土壤含水量是花卉健康生长的必备条件。土壤水分过多则通气不良，严重的缺氧及高浓度二氧化碳的毒害，会使根系溃烂，叶片失绿，直至植株萎蔫。尤其在土壤黏重的情况下，再遇夏季暴雨，通气不良加之雨后阳光暴晒，会因根系吸水不利而产生生理干旱。因此，适度缺水时，良好的通气反而可使根系发达。

（4）土壤温度。土壤温度也影响花卉的生长。特别是许多温室花卉播种及扦插繁殖常于秋末至早春在温室或温床进行，此时温室气温高而土温很低，一些种子难以发芽，插穗则只萌芽而不发根，结果水分、养分很快消耗而使插穗枯萎死亡，因此提高土温才能促进种子萌发及插穗生根。

不同的花卉种类及不同生长发育阶段，对土壤性状要求也有所不同。露地花卉中，一二年生夏季开花种类忌干燥及地下水位低的沙土，秋播花卉以黏壤土为宜。宿根花卉幼苗期喜腐殖质丰富的沙壤土，而生长到第二年后以黏壤土为佳。球根花卉更为严格，一般以下层沙砾土、表土沙壤土最理想，但水仙、风信子、郁金香、百合、石蒜等，则以黏壤土为宜。

（5）土壤酸碱性。土壤的酸碱性对花卉的生长有较大的影响，如必需营养元素的可给性、土壤微生物的活动、根部吸水吸肥的能力以及有毒物质对根部的作用等，都与土壤的pH值有关。多数花卉喜中性或微酸性土，适宜的土壤pH值范围是5～6.8。特别喜酸性土的花卉如杜鹃花、山茶花、兰花、八仙花等要求pH值为4.5～5.5。三色堇pH值应为5.8～6.2，大于6.5会导致根系发黑，基叶发黄。土壤酸碱度影响土壤养分的分解和有效性，因而影响花卉的生长发育。如酸性条件下，磷酸可固定游离的铁离子和铝离子，使之成为有效形式，而与钙形成沉淀，使之成为无效形式。因此在pH值为5.5～6.8的土壤中，磷酸、铁、铝均易被吸收，pH值过高过低均不利于养分吸收。pH值过高使钙、镁形成沉淀，锌、铁、磷的利用率降低；pH值过低，铝、锰浓度增高，对植物有毒害。

土壤酸碱度还影响某些花卉的花色变化。如八仙花的颜色与不同土壤pH值条件下铝和铁的有效吸收有关。pH值为4.6～5.1时，花瓣中铝和铁含量很高，花瓣呈深蓝至蓝色，pH值为5.5～6.5时，铝含量较低，呈紫色至红紫色，pH值为6.8～7.4时，铝含量极低，呈粉红色。

（6）土壤盐浓度。土壤中总盐浓度的高低会影响植物的生长，植物生长所需的无机盐类都是根系从土壤吸收而来，所以土壤盐浓度过高时，因渗透压高，会引起根部腐烂或叶片尖端枯萎的现象，盐类浓度的高低一般用电导率 ν 表示，单位是S/cm（西门子/厘米），电导率高表示土壤中盐浓度高。每一种花卉都有一个适当的电导率，如香石竹的电导率为0.5～1.0S/cm，一品红的电导率为1.5～2.0S/cm，百合、菊花的电导率为0.5～0.7S/cm，月季的电导率为0.4～0.8S/cm。电导率在适宜的数值以下，表示需要肥料，电导率在2.5以上时，会产生盐类浓度过高的生理障碍，需要大量灌水冲洗，以降低电导率。

（7）土壤微生物。土壤中含有大量微生物，当栽培的花卉进入这个环境后，微生物的状况会发生激烈的变化，特别在根际能聚集大量微生物。有的微生物能产生生长调节物质，这类物质在低浓度时刺激花卉生长，而在高浓度时则抑制花卉生长。

土壤微生物对花卉的生长履行着一系列重要功能，如氮素的循环，有机物质和矿物质分解为花卉需要的营养物质，固氮微生物增加土壤中的氮素，菌根真菌有效地增加根的吸收面积等。

根瘤菌能自由生存在土壤中，但没有固定大气中氮的能力，必须与豆科植物共生才有固氮的功能。香豌豆、羽扇豆等即使在土壤氮素不够的条件下，也能生长良好，这是由于它们能由根瘤菌获得较多的氮。

外生菌根真菌与多种树根共栖，由于真菌的侵染，根的形态发生了变化，从而能接触更多的土壤，因此增加了对磷酸盐的吸收。

菌根是真菌和高等植物根系结合而形成的，在高等植物的许多属中都有发现。特别是真菌与兰科、杜鹃花科植物形成的菌根相互依存尤为明显，兰科植物的种子没有菌根真菌共存就不能发芽，杜鹃花科的种苗没有菌根真菌也不能成活。

人们对于菌根真菌和花卉的生物活动虽然还不十分了解，但许多事实证明它对花卉是有益的。

2. 土壤改良

理想的土壤是很少的。因此在种植花卉之前，应对土壤pH值、土壤成分及土壤养分进行检测，为栽培花卉提供可靠的信息。

土壤中含有花卉所需要的有效肥力和潜在肥力，采用适宜的耕作措施，如精耕细作、冬耕晒垡、排涝疏干、合理施肥等，能使土壤达到熟化的要求，并使潜在肥力转化为有效肥力。通过耕作措施使上层土壤疏松深厚，有机质含量高，土壤结构和通透性能良好，蓄保水分养分的能力和吸收能力提高，微生物活动旺盛，这些都能促进花卉的生长发育。

改造土壤耕作层的构造，提高土壤肥力，还应与灌溉施肥制度相配合，并且要对当地的小气候、地势坡向、土壤轮作、生产技术条件以及机械化等综合因素加以考虑。总

之，要采取适宜的耕作措施，为花卉的生长发育创造良好的土壤环境。

过沙、过黏、有机质含量低等土壤结构性差的土质，通过客土或加沙以改良土质和使用有机肥，可以起到培育良好结构性的作用。可加入的有机质包括堆肥、厩肥、锯末、腐叶、泥炭以及其他容易获得的有机物质。施用土壤结构改良剂可以促进团粒结构的形成，利于花卉的生长发育。

由于花卉对土壤酸碱性要求不同，栽培时应根据种类或品种需要，对酸碱性不适宜的土壤进行改良。如在碱性土壤上栽培喜酸性花卉时，一般露地花卉可施用硫酸亚铁，每10平方米量为1.5千克，施用后pH值可相应降低0.5～1.0，黏性重的碱性土，用量需适当增加。对盆栽花卉如杜鹃，常浇灌硫酸亚铁等水溶液，即每千克水加2克硫酸铵和1.2～1.5克硫酸亚铁的混合溶液，也可用矾肥水浇灌，配制方法是将饼肥或蹄片10～15千克、硫酸亚铁2.5～3千克、加水200～250千克放入缸内于阳光下暴晒发酵，腐熟后取上清液加水稀释即可施用。当土壤酸性过高不适宜花卉生长时，根据土壤情况可用生石灰中和，以提高pH值，草木灰是良好的钾肥，也可起到中和酸性的作用。含盐量高的土壤采用淡水洗盐可降低土壤EC值（溶液中可溶性盐的浓度）。

松土是花卉栽培必不可少的管理措施，可与除草结合进行，以防止土面板结和阻断毛细管的形成，有利于保持水分和土壤中各种气体交换及微生物的活动。

第四节　园林花卉栽培设施

园林花卉的栽培设施因南北方环境等条件的不同而有所差异，我国南方主要的花卉栽培设施主要有温室、塑料大棚和荫棚等，而北方除了这三种外，还有冷床、温床和风障等设施。

一、温室和塑料大棚

1. 温室

温室是以具有透光能力的材料作为全部或部分维护结构材料建成的一种特殊建筑，能够提供适宜植物生长发育的环境条件。温室是花卉栽培中最重要的栽培设施，对环境因子的调控能力较强。随着科技的发展温室正朝着智能化的方向发展。温室大型化、温室现代化、花卉生产工厂化已成为当今国际花卉栽培生产的主流。

（1）温室的类别

1）根据建筑外形分类

①单屋面温室。这种温室构造简单，温室屋顶只有一个向南倾斜的玻璃屋面，其北面为墙体。能充分利用阳光，保温良好，但通风较差，光照不均衡。

②双屋面温室。这种温室屋顶有两个相等的屋面，通常南北延长，屋面分向东西两

方，偶尔也有东西延长的。这种温室的屋顶均为玻璃。光照与通风良好，但保温性能差，适于温暖地区使用。

③不等屋面温室。这种温室一般采用东西走向，温室屋顶具有两个宽度不等的屋面，向南一面较宽，向北一面较窄，两者的比例为4∶3或3∶2。南面为玻璃面的温室，保温较好，防寒方便，是最常用的一种。

④拱顶温室。这种温室屋顶呈均匀的弧形，通常为连栋温室。

由上述若干个双屋面或不等屋面温室，借助纵向侧柱或柱网连接起来，相互通连，可以连续搭接，形成室内串通的大型温室，称为连栋温室，又称为现代化温室。每栋温室可达数千至上万平方米，框架采用镀锌钢材，屋面用铝合金作桁条，覆盖物可采用玻璃、玻璃钢、塑料板或塑料薄膜。冬季通过暖气或热风炉加温，夏季采用通风与遮阳相结合的方法降温。连栋温室的加温、通风、遮阳和降温等工作可全部或部分由电脑控制。

这种温室具有层架结构简单，加温容易，湿度也便于维持，便于机械化作业，利于温室内环境的自动化控制，适合于花卉的工厂化生产，特别是鲜切花生产以及名优特盆花的栽培养护。但此种温室造价高，能源消耗大，生产出的商品花卉成本高。

2）根据室内温度分类

①高温温室。又称热温室。室内温度一般保持在18～30℃，专供栽培热带种类或冬季促成栽培之用。

②中温温室。又称暖温室。室内温度一般保持在12～20℃，专供栽培热带、亚热带种类之用。

③低温温室。又称冷温室。室内温度一般保持在7～16℃，专供栽培亚热带、暖温带种类之用。

④冷室：室内温度保持在0～10℃，专供亚热带、暖温带种类越冬之用。

3）根据用途分类

①观赏温室。专供陈列观赏花卉之用，一般建于公园及植物园内。温室外观要求高大、美观。

②栽培温室。以花卉生产栽培为主。建筑形式以符合栽培需要和经济适用为原则，一般不注重外形。

③繁殖温室。这种温室专供花卉大规模繁殖之用。温室建筑多采用半地下式，以便维持较高的温度和湿度。

④人工气候温室。可根据需要自动调控各项环境指标。现在的大型自动化温室在一定意义上已经是人工气候温室。

4）根据温室覆盖材料分类

①玻璃温室。以玻璃为覆盖材料。为了防雹，有的用钢化玻璃。玻璃透光度大，使用年限长。

②塑料薄膜温室。以各种塑料薄膜为覆盖材料，用于日光温室及其他简易结构的温室，造价低，便于用作临时性温室。也可用于制作连栋式大型温室。形式多为半圆形或拱形，也可制作成尖顶形。单层或双层充气膜，后者的保温性能更好，但透光性能较差。常用的塑料薄膜有聚乙烯膜（PE）、多层编织聚乙烯膜和聚氯乙烯膜（PVC）等。

③硬质塑料板温室。多为大型连栋温室。常用的硬质塑料板材主要有丙烯酸塑料板（Acrylic）、聚碳酸酯板（PC）、聚酯纤维玻璃（玻璃钢，FRP）和聚乙烯波浪板（PVC）。聚碳酸酯板是当前温室建造应用最广泛的覆盖材料。

（2）温室的设计

1）符合当地的气候条件。不同地区的气候条件差异很大，温室的性能只有符合使用的气候条件，才能充分发挥其作用。例如在我国南方地区夏季潮湿闷热，若温室设计成无侧窗，用水帘加风机降温，则白天温度会很高，难以保持适宜的温度，造成花卉生长不良。再如昆明地区，正常年份四季如春，只要简单的温室设备即可进行花卉生产，若设计成具备完善加温设施的温室，则不经济适用。因此要根据当地的气候条件，设计建造温室。

2）满足栽培花卉的生态要求。温室设计是否科学适用，主要看它能否最大限度地满足栽培花卉的生态要求。即要求温室内的主要环境因子，如温度、湿度、光照、水分、空气等，都要适合栽培花卉的生态要求。不同花卉的生态习性不同，如仙人掌及其他多浆植物，多原产于沙漠地区，喜强光，耐干旱；而蕨类植物，多生于阴湿环境，要求空气湿度大并有适度庇荫的环境。同时，花卉在不同生长发育阶段，对环境条件也有不同的要求。因此，设计温室，除了了解温室设置地区的气候条件外，还应熟悉花卉的生长发育对环境的要求，以便充分运用建筑工程学原理和技术，设计出既科学合理又经济实用的温室。

3）地点选择。温室通常是一次建造，多年使用。因此，必须选择比较适宜的场所，应满足以下条件。

向阳避风，温室设置地点必须选择有充足的日光照射，不可有其他建筑物及树木遮光，以免室内光照不足。在温室或温室群的北面和西北面，最好有山或高大的建筑物及防风林，以防寒风侵袭，形成温暖小气候环境。

地势高燥，土壤排水良好，无污染的地方。

水源便利，水质优良，供电正常，交通方便之处，以便于管理和运输。

4）场地规划。在进行大规模花卉生产的情况下，对温室的排列和荫棚、温床、冷床等附属设备的设置及道路，应有全面合理的规划布局。温室的排列，首先要考虑不可相互遮光，在此前提下，温室间距越近越有利，不仅可节省建筑投资，节省用地面积，降低能源消耗，而且还便于管理，提高温室防风、保温能力。温室的合理间距取决于温室设置地的纬度和温室高度，当温室为东西向延长时，南北两排温室的距离，通常为温室高度的两倍；当温室为南北向延长时，东西两排温室间的距离应为温室高度的2/3；当温室的高度不等时，高的应设置在北面，矮的设置在南面。工作室及锅炉房设置在温室北面或东西两侧。若要求温室内部设施完善，可采用连栋式温室，内部可分成独立单元，分别栽培不同的花卉。

5）温室屋面倾斜度和温室朝向。太阳辐射是温室的基本热量来源之一，能否充分利用太阳辐射热，是衡量温室保温性能的重要标志。太阳辐射主要通过南向倾斜的温室屋面获得。温室吸收太阳辐射能量的多少，取决于太阳的高度角和南向玻璃屋面的倾斜角度。太阳高度角一年之中是不断变化的，而温室的利用多以冬季为主，所以在北半球，通常以冬至中午太阳的高度角为确定南向玻璃屋面倾斜角度的依据。温室南向玻璃屋面的倾斜角度不同，太阳辐射强度有显著的差异，以太阳光投向玻璃屋面的投射角为90° 时最大。在北京地区，既要在建筑结构上易于处理，又要尽可能多地吸收太阳辐射，透射到南向玻璃屋面的太阳光线投射角应不小于60° ，南向玻璃屋面的倾斜角应不小于33.4° 。其他纬度地区可依据此适当安排。

至于南北向延长的双屋面温室，屋面倾斜角度的大小在中午前后与太阳辐射强度关系不大，因为不论玻璃屋面的倾斜角度大小，都和太阳光线投射于水平面时相同。这正是东西向屋面温室白天温度比南北向屋面温室相对偏低的缘故。但为了上午和下午能更多地接受太阳的辐射能量，屋面倾斜角度不宜小于30° 。

温室内的连接结构影响温室内的光照条件，这些结构的投影大小取决于太阳高度角和季节变化。对于单栋温室，在北纬40° 以南的地区，东西向屋脊的温室比南北向屋脊温室能够更有效地吸收冬季低高度角的太阳辐射，而南北向屋脊的温室的连接结构遮挡了较多的太阳辐射。在北纬40° 以南的地区，由于太阳高度角较高，温室（屋脊）多南北延长。连栋型温室不论在什么纬度地区，均以南北延长者对太阳辐射的利用效率高。

（3）温室内的设施

1）花架。花架是放置盆花的台架。有平台和级台两种形式。平台常设于单屋面温室南侧或双屋面温室的两侧，在大型温室中也可设于温室中部。平台一般高80厘米，宽80～100厘米，若设于温室中部宽可扩大到1.5～2米。在单屋面温室常靠北墙，台面向南；在双屋面温室，常设于温室正中。级台可充分利用温室空间，通风良好，光照充足而均匀，适用于观赏温室，但不便管理，不适于大规模生产。

花架结构有木制、铁架木板及混凝土三种。前两种均由厚3厘米、宽6～15厘米的木板铺成，两板间留2～3厘米的空隙以利于排水，其床面高度通常低于短墙约为20厘米。现代温室大多采用镀锌钢管制成活动的花架，可大大提高温室的有效面积，节省室内道路所占的空间，减轻劳动强度，但投资较大。花架间的道路一般宽70～80厘米，观赏温室可略宽些。

2）栽培床。栽培床是温室内栽培花卉的设施。与温室地面相平的称为地床，高出地面的称为高床。高床四周由砖和混凝土筑成，其中填入培养土（或基质）。栽培床易于保

持湿润，土壤不易干燥；土层深厚，花卉生长良好，更适于深根性及多年生花卉生长；设置简单，用材经济，投资少；管理简便，节省人力。但通风不良，日照差，难以严格控制土壤温度。

3）繁殖床。除繁殖温室内，在一些小规模生产栽培或教学科研栽培中，也常设置繁殖床。有的直接设置在加温管道上，有的采用电热线加温。以南向采光为主的温室，繁殖床多设于北墙，大小视需要而定，一般宽约1米，深40～50厘米，其中填入基质即可。

4）给水排水设备。水分是花卉生长必需的条件，花卉灌溉用水的温度应与室温相近。在一般的栽培温室中，大多设置水池或水箱，事先将水注入池中，以提高温度，并可以增加温室内的空气湿度。水池大小视生产需要而定，可设于温室中间或两端。现代化温室多采用滴灌或喷灌，在计算机的控制下，定时定量地供应花卉生长发育所需要的水分，并保持室内的空气湿润度，尤其适用于对空气湿度要求大的蕨类和热带兰等专类温室，这样可增加温室利用面积，提高温室自动化程度，但需较高的科技和财力投入。温室的排水系统，除天沟落水槽外，可设立柱为排水管，室内设暗沟、暗井，以充分利用温室面积，并降低室内温度，减少病害的发生。

5）通风及降温设备。温室为了蓄热保温，均有良好的密闭条件，但密闭的同时造成高温、低二氧化碳浓度及有害气体的累积。因此，良好的温室应具有通风降温设备。

①自然通风。自然通风是利用温室内的门窗进行空气自然流通的一种通风形式。在温室设计时，一般能开启的门窗面积不应低于覆盖面积的25%～30%。自然通风可手工操作和机械自动控制。一般适于春秋降温排湿之用。

②强制通风。用空气循环设备强制把温室内的空气排到室外的一种通风方式。大多应用于现代化温室内，由计算机自动控制。强制通风设备的配置，要根据室内的换气量和换气次数来确定。

③降温设备。一般用于现代化温室，除采用通风降温外，还装置喷雾、制冷设备进行降温。喷雾设备通常安装在温室上部，通过雾滴蒸发吸热降温。喷雾设备只适用于耐高空气湿度的花卉。制冷设备投资较高，一般用于人工气候室。

6）补光、遮光设备。温室大多以自然光作为主要光源。为使不同生态环境的奇花异草集于一地，如长日性花卉在短日照条件下生长，就需要在温室内设置灯源补光，以增强光照强度和延长光照时数；若短日性花卉在长日照条件下生长，则需要遮光设备，以缩短光照时数。遮光设备需要黑布、遮光膜、暗房和自动控光装置，暗房内最好设有便于移动的盆架。

7）加温设备。温室加温的主要方法有烟道、暖气、热风和电热等。

①热水加温。用锅炉加温使水达到一定的温度，然后经输水管道输入温室内的散热管，散发出热量，从而提高温室内的温度。热水加温一般将水加热至80℃左右即可。

②热风加温。又称暖风加温，是指用风机将燃料加热产生的热空气输入温室，以达

到升温的一种方式。热风加温的设备通常有燃油热风机和燃气热风机。

③烟道加热。此方法设备简单，操作方便，投资较少，燃料消耗少。但供热力小，室内温度不宜调节均匀，空气较干燥，花卉生长不良，多用于较小的温室。

2. 塑料大棚

塑料大棚是指用塑料薄膜覆盖的没有加温设备的棚状建筑，是花卉栽培及养护的主要设施。利用塑料大棚生产花卉是近代塑料工业发展的一项新成就，北方应用比较广泛。

塑料大棚内的温度源于太阳辐射能。白天，太阳能提高了棚内温度；夜晚，土壤将白天贮存的热能释放出来，由于用塑料薄膜覆盖，散热较慢，从而保持了大棚内的温度。但塑料薄膜夜间长波辐射量大，热量散失较多，常致使棚内温度过低。塑料大棚的保温性与其面积密切相关。面积越小，夜间越易于变冷，日温差越大；面积越大，温度变化缓慢，日温差越小，保温效果越好。

塑料大棚的形式、规格均依需要而定。可在墙壁的南侧搭上单面或弧形的小棚架，也可搭成单拱或多拱连接式的大棚，棚架可为木质，也可用钢材。建造塑料大棚的原则是经济实用、因地制宜、使用方便。

使用塑料大棚生产花卉的优点如下：

（1）延长花卉的生长期，如早春的月季、唐菖蒲、晚香玉等，在棚内生长可以比露地提早开花半个月至一个月，耐寒性较强的一二年生草花可提前一个月开花。到秋季月季、唐菖蒲、晚香玉、菊花等，在棚内均可延长一个多月生长期。使用塑料大棚，能使有些花卉在棚内安全越冬。

（2）棚内生产能抵御自然灾害，能防霜、防轻冻、防风及防轻度冰雹等。

（3）大棚拆除后，该地仍能继续生产或种植其他花卉，使土地得到充分利用。

（4）棚内的温度、光照、湿度等均比露地更容易调节和控制，使之更适于花卉生长需要。

二、其他栽培设施与栽培容器

1. 温床

温床除利用太阳辐射外，还需人为加热以维持较高温度，供花卉促成栽培或越冬用，是北方地区常用的保护地类型之一。温床保温性能明显高于冷床，是不耐寒植物越冬、一年生花卉提早播种、花卉促成栽培的简易设施。建造温床时宜选背风向阳、排水良好的场地。

（1）温床的加温方式。温床加温可分为发酵热和电热两类。发酵床由于设置复杂，温度不易控制，现已很少采用。电热温床选用外包耐高温的绝缘塑料、耗电少、电阻适中的加热线作为热源，可加热至50～60℃。在铺设线路前先垫以10～15厘米的煤渣等，再盖以5厘米厚的河沙，加热线以15厘米间隔平行铺设，最后覆土。温度可由控温仪来控

制。电热温床具有可调温、发热快、可长时间加热及可以随时应用等特点，因而采用较多。目前，电热温床常用于温室或塑料大棚中。

（2）温床的构造。温床南北向设置，一般宽1.2～1.5米，长度可根据用地大小、作业情况而定。周围有围墙，南低北高，墙高视温床用处而定。一般北墙距地面50～70厘米，南墙距地面20～40厘米。为了提高保温性，可将温床做成半地下式，床顶加盖玻璃窗。

2. 冷床

冷床是指不需要人工加热而利用太阳辐射维持一定温度，使植物安全越冬或提早栽培繁殖的栽植床。它是介于温床和露地栽培之间的一种保护地类型，又称"阳畦"。冷床广泛用于冬春季节日光资源丰富而且多风的地区，主要用于二年生花卉的保护越冬、一二年生草花的提前播种、耐寒花卉的促成栽培及温室种苗移栽露地前的炼苗期栽培。

冷床分为抢阳阳畦和改良阳畦两种类型。

（1）抢阳阳畦。由风障、畦框及覆盖物三部分组成。风障的篱笆与地面夹角约为70°，向南倾斜，土背底宽50厘米，顶宽20厘米，高40厘米。畦框经过叠垒、夯实、铲削等工序，一般北框高35～50厘米，底宽30～40厘米，顶宽25厘米，形成南低北高的结构。畦宽一般为1.6米，长5～6米。覆盖物常用玻璃、塑料薄膜、蒲席等。白天接受日光照射，提高畦内温度；傍晚，在透光覆盖材料上再加不透明的覆盖物，如蒲席、草苫等保温。

（2）改良阳畦。由风障、土墙、棚架、棚顶及覆盖物组成。风障一般直立；墙高约1米，厚50厘米；棚架由木质或钢质柱、柁构成，前柱长1.7米，柁长1.7米；棚顶由棚架和泥顶两部分组成，在棚架上铺芦苇、玉米秸等，上覆10厘米左右厚土，最后以草泥封裹。覆盖物以玻璃、塑料薄膜为主。建成后的改良阳畦前檐高1.5米，前柱距土墙和南窗各为1.33米，玻璃倾角为45°，后墙高93厘米，跨度为2.7米。用塑料薄膜覆盖的改良阳畦不再设棚顶。

3. 荫棚

荫棚指用于遮阳栽培的设施，荫棚常用于夏季花卉栽培的遮阳降温。荫棚形式多样，可分为永久性和临时性两类。永久性荫棚多设于温室近旁，用于温室花卉的夏季遮阳；临时性荫棚多用于露地繁殖床和切花栽培。

永久性荫棚多设于温室近旁不积水且通风良好处。一般高2～3米，用钢管或水泥柱构成，棚架多采用遮阳网，遮光率视所栽培花卉种类的需要而定。为避免晚上、下午阳光从东或西面透入，在荫棚东西两端设倾斜的遮阳帘，遮阳帘下缘要距地表50厘米以上，以利于通风。荫棚宽度一般为6～7米，过窄则遮阳效果不佳。盆花应置于花架或倒扣的花盆上，若放置于地面上，应铺以陶粒、炉渣或粗沙，以利于排水，下雨时可免除污水溅污枝叶及花盆。

临时性荫棚较低矮，一般高度为50～100厘米，上覆遮阳网，可覆2～3层，也可根据生产需要逐渐减至1层，直至全部除去，以增加光照，促进植物生长发育。

4. 水池

浇灌水最好不直接取井水和自来水，宜先储于水池内， 然后再使用。为此，需在靠近荫棚的地方或荫棚内设置水池。水池一般用水泥制成，大小视用水量的多少而定；若不做水池，用瓷缸也可。

5. 地窖

地窖又称冷窖，是不需人为加温的用来储藏植物营养器官或植物防寒越冬的地下设施。地窖具有保温性能较好、建造简便易行的特点。建造时，从地面挖掘至一定深度、大小，而后加顶，即形成完整的地窖。地窖通常用于北方地区储藏不能露地越冬的宿根、球根、水生花卉及一些冬季落叶的半耐寒花木，如石榴、无花果、蜡梅等，也可用来储藏球根，如大丽花块根、风信子鳞茎等。

地窖依其与地表面的相对位置不同，可分为地下式和半地下式两类：地下式的窖顶与地表持平；半地下式窖顶高出地表面。地下式地窖保温良好，但在地下水位较高及过湿地区不宜采用。

不同的植物材料对地窖的深度要求不同。一般用于储藏花木植株的地窖较浅，深度为1米左右；用于储藏营养器官的地窖较深，达2～3米。窖顶结构有人字式、单坡式和平顶式三类。人字式出入方便；单坡式保温性能较好。窖顶建好后，上铺以10～15厘米的保温材料，如高粱秆、玉米秸、稻草等，其上再覆30厘米厚的土封盖。

地窖在使用过程中，要注意开口通风。有出入口的活窖可打开出入口通气，无出入口的死窖应注意逐渐封口，天气转暖时要及时打开通气口。气温越高，通气次数应越多。另外，植物出入窖时，要锻炼几天再进行封顶或出窖，以免造成伤害。

6. 储藏室

花卉栽培上需要的储藏室除用于储藏一般的用具、肥料、药品等物外，还需要储藏种苗、土壤等。在种苗储藏室中，特别是秋植球根储藏室，需要有较大的面积和必要的设备，需要室内通风良好，温度变化不大，室内要设置分层木架，以便存放球根，使球根迅速干燥。储藏春植球根时，室内宜保持一定的温度，最低温度不能低于5℃。有的需要干燥储藏，如唐菖蒲、晚香玉等。有的需要沙藏保持一定湿度，如大丽花、美人蕉等。

7. 灌溉设施

（1）自动喷灌系统。自动喷灌系统分为移动式和固定式。这种喷灌系统可采用自动控制，无人化喷洒系统使操作人员远离现场，不致受到药物的伤害；同时，在喷洒量、喷洒时间、喷洒途径均可由计算机来加以控制的情况下，大大提高其效率。缺点是容易造成室内湿度过大。

（2）滴灌系统。通过在地面铺设滴灌管道，实现对土壤的灌溉。优点较多，省水、节能、省力，可实现自动控制。缺点是对水质要求较高，易堵塞，长期使用易造成土壤表

层盐分积累。

（3）渗灌系统。通过在地下40～60厘米埋设渗灌系统，实现灌溉。优点是：更加节水、节能、省力，可实现自动控制，可非常有效地降低温室内湿度，而且不易造成盐分积累。缺点是对水质要求高，成本较高。

8. 工作室

栽培花卉需要有较大面积的工作室，以供播种、换盆、插穗处理、切花、种苗处理、包装等作业用。其位置宜靠近温室或与温室相连接。

9. 种子房、种子橱、药剂橱及操作台

花卉种类繁多，品种复杂，为了使采收的种子不混杂、不发霉、不变质，应认真执行种子管理制度。有条件的地方可于干燥、通风处建种子房；无条件的地方也要设种子橱，对种子严格管理。对于寿命短的种子，要保存在低温、干燥的地方，以延长其寿命。

温室内使用的杀虫和杀菌农药、植物激素、少量的无机肥料以及天平、量筒、量杯等，都要合理安放，方便取用。因此，要设置药剂橱及操作台。

10. 花盆

花盆是重要的花卉栽培容器，其种类很多，多用于花卉生产或园林中。现在就其中主要类别介绍如下：

（1）素烧盆。又称瓦盆，由黏土烧制而成，有红盆和灰盆两种。虽质地粗糙，但排水良好，空气流通，适于花卉生长；通常呈圆形，规格多样。价格低廉，但不利于长途运输，目前用量逐年减少。

（2）陶瓷盆。瓷盆为上釉盆，常有彩色绘画，外形美观，但通气性差，不适用于植物栽培，只适合作为套盆，供室内装饰用。除圆形外，也有方形、菱形、六角形等。

（3）木盆或木桶。需要用40厘米以上口径的盆时即采用木盆。木盆形状仍以圆形较多，但也有方形的。盆的两侧应设有把手，以便于搬动。现在木盆正被塑料盆或玻璃钢盆所代替。

（4）水养盆。盆底无排水孔，盆面宽大而较浅，专用于水生花卉盆栽。其形状多为圆形。球根水养用盆多用陶瓷或瓷质的浅盆，如水仙盆等。

（5）兰盆。兰盆专用于栽培气生兰及附生蕨类植物。盆壁有各种形状的气孔，以便流通空气。此外，也常用木条制成各种式样的兰筐代替兰盆。

（6）盆景用盆。深浅不一，形式多样，常为陶盆或瓷盆。山水盆景用盆为特制的浅盆，以石盘为上品。

（7）塑料盆。质轻而坚固耐用，可制成各种形状，色彩也极为丰富，由于塑料盆的规格多、式样新、硬度大、美观大方、经久耐用及运输方便，目前已成为国内外大规模花卉生产及贸易流通中主要的容器，尤其在规模化盆花生产中应用更加广泛。虽然塑料盆透水、透气性较差，但只要注意培养土的物理性状，使其疏松、透气，便可克服其缺点。

实训一 园林花卉应用情况调查

一、实训目的及意义

1. 本实验通过对城市绿地优秀植物景观中花卉应用情况的调查，尝试运用相关课程的理论和知识，进行综合分析，为学习花卉学积累感性知识。

2. 巩固课堂教学，重点培养学生对常见花卉种类的识别及其在园林中应用的能力。

3. 实验过程强调“合作”与“互动”。以小组为单位进行实验和提交调查报告，可使小组成员在提出问题、分析问题和解决问题的过程中，学习、提高与他人相互协调、合作的能力。通过本实验，利用学生的亲身体验，调动学生学习的积极性和主动性。

二、实训内容

通过对城市绿地局部的调查，包括对公园概况、绿地现状、园林植物，尤其是对花卉生长情况的详细了解，选定最具代表性的绿地进行实测，最后提交包括该成功花卉景点造景与材料应用分析的实验报告。

三、实训步骤与要求

1. 分组。以班级为单位分出调查小组，每组3～5人为宜。

2. 提交调查提纲。在进行花卉应用调查前一周编写、提交调查提纲。调查提纲包括绿地和公园等背景资料的收集、调查表格的设计、小组成员的工作分工、需要得到的帮助等。

3. 调查提纲的修改。指导教师根据调查提纲提出修改意见和建议。

4. 调查工具的准备。准备相机、表格、白纸、记录夹。

5. 外业调查。各组在城市绿地的不同类型中选择有代表性的绿地，进行实地调查，记录、统计园林花卉应用的种类、形式、生长情况及其配置情况。

6. 汇总交流。各组将调查收集的资料进行汇总、交流。总结出花卉在城市园林中的应用类型。

实训二 园林花卉市场调查

一、实训目的及意义

通过对本地花卉市场的调查，尝试运用花卉分类的理论和知识进行综合分析，巩固课堂教学，重点培养学生对本地市场受欢迎的花卉种类的识别及其生长特性的进一步了解。

二、实训内容

通过对城市花卉市场进行调查，包括对市场概况、经营品种、花卉分类，尤其是对花卉生长情况的详细了解，最后提交花卉市场调查分析报告。

三、实训步骤与要求

1. 分组。以班级为单位分出调查小组，每组3～5人为宜。

2. 提交调查提纲。在进行花卉市场调查前一周编写、提交调查提纲。调查提纲内容包括：

（1）居民对花卉市场的了解。

（2）花卉的消费旺季。

（3）花卉品种分类及特性。

（4）居民购买花卉的原因及销售状况。

3. 调查提纲的修改。指导教师根据调查提纲提出修改意见和建议。

4. 调查工具的准备。准备相机、表格、白纸、记录夹。

5. 外业调查。各组在花卉市场进行实地调查，记录、统计园林花卉应用的种类、形式、生长情况及其销售情况。

6. 汇总交流。各组将调查收集的资料进行汇总、交流。总结并撰写花卉市场调查报告。

实训三 花卉栽培设施参观与评价

一、实训目的及要求

通过各种花卉栽培设施的参观介绍,了解花卉栽培设施的种类、结构、形式及建造特点，掌握其具体运用方法。

二、实训材料用具

当地常用花卉栽培设施。

三、实训方法与步骤

1. 参观当地常用的花卉栽培设施，了解其类型、结构及功能。
2. 对花卉栽培设施所在地点、位置、类型及结构进行实地观察、记载。

四、作业

整理调查的结果，分析这些设施、设备在花卉栽培中的作用及其在生产中的运用。

思考与练习

1. 花卉依生态习性是如何分类的?
2. 试述露地花卉、温室花卉、一年生花卉、二年生花卉、宿根花卉、球根花卉的含义，并举例说明。
3. 影响花卉生长发育的环境因素主要有哪些?
4. 什么是花卉生长的三基点温度?促成或限制花卉生长发育的温度条件有哪些?
5. 试述花卉不同生长发育阶段对水分的要求。花卉生产中如何进行水分的调节?
6. 土壤的类型有哪些?试选出几种适合在酸性土壤生长的花卉。
7. 花卉栽培有哪些设施和设备?
8. 温室中环境（光、温、水、气、肥）是如何调控的?
9. 试述荫棚的作用及其结构。
10. 常见花盆的种类有哪些?使用效果有什么不同?

第二章　一二年生花卉

学习目标

◆掌握一二年生花卉的概念及其特点
◆掌握常见一二年生花卉的生态习性、繁殖和栽培管理技术要点
◆能识别30种常见的一二年生花卉，能熟练应用一二年生花卉

第一节　概　述

一、定义

通常在栽培中所说的一二年生花卉包括三大类：第一类是一年生花卉，这类花卉一般在一个生长季内完成其生活史，通常在春天播种，夏秋开花结实，然后枯死，如鸡冠花、百日草等；第二类是二年生花卉，在两个生长季内完成其生活史，通常在秋季播种，次年春夏开花，如须苞石竹、紫罗兰等；第三类是多年生作为一二年生栽培的花卉，其个体寿命超过两年，能多次开花结实，但在人工栽培的条件下，第二次开花时株形不整齐，开花不繁茂，因此常作为一二年生花卉栽培，如一串红、金鱼草、矮牵牛等。

二、繁殖和栽培管理要点

1. 留种与采种

一二年生花卉多用种子繁殖，留种与采种是一项繁杂的工作，如遇雨季或高温季节，许多草花不易结实或种子发育不良。一般留种应选阳光充足、气温凉爽的季节，此时结实多且饱满。对于花期长、能连续开花的一二年生花卉，采种应多次进行。如凤仙花、半支莲在果实黄熟时，三色堇当蒴果向上时，罂粟花、虞美人、金鱼草也是当果实发黄时，刚成熟即可采收。此外，如一串红、银边翠、美女樱、醉蝶花、茑萝、紫茉莉、福禄考、飞燕草、柳穿鱼等需随时留意采收。翠菊、百日草等菊科草花应当在头状花序花谢发黄后采取。

容易天然杂交的草花，如矮牵牛、雏菊、矢车菊、飞燕草、鸡冠花、三色堇、半支莲、福禄考、百日草等必须进行品种间隔离种植方可留种及采种。还有如石竹类、羽衣甘蓝等花卉需要进行种间隔离才能留种及采种。

目前，许多一二年生花卉品种中，如矮牵牛、万寿菊等，为杂交一代种子，其后代

性状会发生广泛分离，不能继续用于商品生产，每年必须通过多年筛选的父母本进行制种。生产单位每年需重新购买种子。

2. 种子的干燥与储藏

在少雨、空气湿度低的季节，最好采用阴干的方式，如需曝晒时应在种子上盖一层报纸，切忌夏季直接日晒。如三色堇种子一经日晒则丧失发芽力，但早春或秋季成熟的种子可以晒干。种子应在低温、干燥条件下储藏，尤忌高温、高湿，以密闭、阴凉、黑暗环境为宜。

3. 播种时期

一二年生花卉的播种时期因地而异。一年生花卉又名春播花卉，多原产于热带和亚热带，耐寒力不强，遇霜即枯死。通常于春季晚霜后播种。我国南方一般在二月下旬到三月上旬播种；北方则在四月上、中旬播种。此外，为提早开花，往往在温室或冷床中提前播种，晚霜过后再移植于露地。二年生花卉耐寒力较强，华东地区不加防寒保护即可越冬，北方华北地区多在冷床中越冬。二年生花卉宜秋播，要求在严冬到来之前，在冷凉、短日照气候条件下形成强健的营养器官，次年春天开花。二年生花卉秋播时间因南北地区不同而异，南方较迟，约在九月下旬到十月上旬；北方早些，约在九月上旬至中旬。而在一些冬季特别寒冷的地区，二年生花卉皆为春播。另外，一些露地二年生花卉在冬季严寒到来之前，地尚未封冻时进行播种，华北地区一般在十一月下旬进行，使种子在休眠状态下越冬，并经冬春低温完成春化阶段，如锦团石竹、福禄考等。还有一些直根性的二年生花卉也属此类，如飞燕草、虞美人、矢车菊等。初冬直播在观赏地段，不用移植，如冬季未能播种，也可在早春地面解冻约10厘米时进行播种，早春的低温尚可满足其春化的要求，但不如冬播生长良好。

4. 苗期管理

经播种或自播于花坛、花境的种子萌发后，仅施稀薄液肥，并及时灌水，但要控制水量，水多则根系发育不良并引起病害。苗期避免阳光直射，应适当遮阴，但不能引起黄化。为了培育壮苗，苗期还应进行多次间苗或移植，以防黄化和老化，移苗最好选在阴天进行。现在一二年生花卉多用穴盘育苗。

5. 摘心及抹芽

为了使植株整齐，株型丰满，促进分枝或控制植株高度，常采用摘心的方法。如万寿菊、波斯菊生长期长，为了控制高度，于生长初期摘心。需要摘心的种类有三色苋、蓝花亚麻、金鱼草、石竹、金盏菊、霞草、柳穿鱼、高雪轮、一点缨、千日红、百日草、银边翠等。摘心还有延迟花期的作用，有时则为了促使植株的高生长，减少花朵的数目，使营养供给顶花。摘除侧芽称为抹芽，需要摘芽的种类如鸡冠花、观赏向日葵等。

6. 立支柱与绑扎

一二年生花卉中有些株型高大，上部枝叶花朵过于沉重，遇风易倒伏，还有一些蔓

生性植物，均需进行立支柱与绑扎才利于观赏。一般有以下三种方式：

（1）用单根竹竿或芦苇支撑植株较高、花较大的花卉，如尾穗苋、蜀葵、重瓣向日葵等。

（2）蔓生性植物如牵牛、茑萝等可直播，或种子萌发后移栽至木本植物的枝丫或篱笆下，让其植株攀缘其上，并将其覆盖。

（3）在生长高大花卉的周围插立支柱，并用绳索联系起来以扶持群体。

7. 剪除残花与花莛

对于连续开花且花期长的花卉，如一串红、金鱼草、石竹类等，花后应及时摘除残花，剪除花莛，不使其结实，同时加强水肥管理，以保持植株生长健壮，继续开花繁密，花大色艳，还有延长花期的作用。

三、用途

一二年生花卉是园林布置的重要材料，常栽植于花坛、花境等处，也可与建筑物配合种植于围墙、栏杆四周。因其繁殖系数大且生长迅速，见效较快；又因花期集中，整体效果也好。多样的株型，还使这类花卉能适应各种栽培方式。不少种类还能自播繁衍。

第二节　常见一二年生花卉栽培

一、地肤 [*Kochia scoparia*]

别名：扫帚草、地麦、落帚、扫帚苗、扫帚菜、孔雀松。

科属：藜科地肤属。

形态特征：株丛紧密，株形呈卵圆至圆球形、倒卵形或椭圆形，分枝多而细，具短柔毛，茎基部半木质化。单叶互生，叶线性，线形或条形。植株为嫩绿，秋季叶色变红。花极少，花期九、十月份，无观赏价值。胞果扁球形。

生长习性：喜阳光，喜温暖，不耐寒，极耐炎热，耐盐碱，耐干旱，耐瘠薄。对土壤要求不严。极易自播繁衍。

繁殖方法：播种繁殖，春播，宜直播。

栽培管理：四月初将种子播于露地苗床，发芽迅速，整齐。间苗后定植株距为50厘米。

园林用途：用于布置花篱、花境，或数株丛植于花坛中央，可修剪成各种几何造型进行布置。盆栽地肤可点缀和装饰于厅、堂、会场等。

二、鸡冠花 [*Celosia cistata* L.]

别名：鸡髻花、老来红、芦花鸡冠

科属：苋科青葙属

形态特征：一年生草本，株高40～100厘米，茎直立粗壮，上部有棱状纵沟，叶互生，长卵形或卵状披针形，肉穗状花序顶生，呈扇形、肾形、扁球形等，花序顶生及腋生，扁平鸡冠形。花有白、淡黄、金黄、淡红、火红、紫红、棕红、橙红等色。胞果卵形，种子扁圆肾形、黑色有光泽。

生长习性：喜光，喜炎热、干燥的气候，不耐寒，不耐涝，喜肥沃、湿润的沙质壤土，可自播繁衍。

繁殖方法：播种繁殖，露地播种期为四、五月份，三月可播于温床。因种子细小，覆土宜薄，白天保持21℃以上，夜间不低于12℃，约10天出苗。直根性，4～5片叶时即可移植。

栽培管理：春季幼苗栽植时应略深植，并使盆土稍微干燥，诱使花序早日出现，在花序发生后翻盆。小盆栽矮生种，大盆栽凤尾鸡冠等高生种。对于矮生多分枝的品种，在

定植后应进行摘心，以促进分枝；而直立、可分枝品种不必摘心。生长期要有充足的光照并适当浇水，但盆土不宜过湿，以潮润偏干为宜。生长后期加施磷肥，并多见阳光，可促使生长健壮和花序硕大。在种子成熟阶段宜少浇肥水，以利种子成熟，并使较长时间保持花色浓艳。

园林用途：鸡冠花花序形状奇特，色彩丰富，花期长，植株又耐旱，适用于布置秋季花坛、花池和花境，也可盆栽或做切花，水养持久，制成干花可经久不凋。

三、千日红 [*Gomphrena globosa* L.]

别名：圆仔花、杨梅花、火球花

科属：苋科千日红属

形态特征：一年生直立草本，株高20～60厘米。全株密被灰白色柔毛。茎粗壮，有沟纹，节膨大，多分枝，单叶互生，椭圆或倒卵形，全缘，有柄。头状花序单生或2～3个着生枝顶，花小，每朵小花外有两个腊质苞片，并具有光泽，花有粉红、红、白等色，观赏期八至十一月份。胞果近球形，种子细小呈橙黄色。

生长习性：喜温暖，喜光，喜炎热、干燥气候和疏松、肥沃土壤，不耐寒。要求肥沃而排水良好的土壤。

繁殖方法：春季播种，因种子外密被纤毛，易相互粘连，一般用冷水浸种1～2天后挤出水分，然后用草木灰拌种，或用粗沙揉搓使其松散以便于播种。

栽培管理：千日红生长势强盛，对肥水、土壤要求不严，管理简便，生长期间不宜过多浇水、施肥；否则会引起茎叶徒长，开花稀少。植株进入生长后期可以增加磷和钾的含量。花期再追施富含磷、钾的液肥，则花繁叶茂，灿烂多姿。残花谢后，不让它结籽，可进行整形修剪，仍能萌发新枝，于晚秋再次开花。

园林用途：千日红为夏秋季花坛、花境良好材料，也可做切花和“干花”用。

四、万寿菊 [*Tagetes erecta* L.]

别名：臭芙蓉、万寿灯、蜂窝菊、臭菊花、蝎子菊

科属：菊科万寿菊属

形态特征：一年生草本，株高30～60厘米，全株具异味，叶对生或互生，单叶羽状全裂。裂片披针形，具锯齿，裂片边缘有油腺点，有强臭味，因此无病虫。头状花序着生枝顶，呈黄或橘黄色。舌状花有长爪，边缘皱曲。总花梗肿大，瘦果线形，种子千粒重3克。

生长习性：万寿菊喜温暖、湿润和阳光充足的环境，喜湿，耐干旱。生长适宜温度为15～25℃，花期适宜温度为18～20℃，要求生长环境的空气相对湿度为60%～70%，冬季温度不低于5℃。夏季高温在30℃以上时，植株徒长，茎叶松散，开花少。10℃以下时，生长减慢。万寿菊对土壤要求不严，以肥沃、排水良好的沙质壤土为好。

繁殖方法：播种繁殖或扦插繁殖。三月下旬至四月初播种，由于种子嫌光，播后要覆土和浇水。扦插宜在五至六月进行，极易成活。从母株剪取8～12厘米嫩枝做插穗，去掉下部叶片，插入盆土中，每盆插3株，插后浇足水，略加遮阴，两周后可生根。然后，逐渐移至有阳光处进行日常管理，约1个月后可开花。

栽培管理：幼苗生长最适温度为15℃。苗高10～13厘米时可定植，株距为30～35厘米。苗高15厘米可摘心促分枝。对土壤要求不严，栽植前结合整地可少施一些薄肥，以后不必追肥。开花期每月追肥可延长花期，但注意氮肥不可过多。

园林用途：矮型品种分枝性强，花多株密，植株低矮，生长整齐，可根据需要上盆摆放，也可移栽于花坛或拼组图形等。中型品种花大色艳，花期长，管理粗放，是草坪点缀花卉的主要品种之一。高型品种花朵硕大，色彩艳丽，花梗较长，做切花后水养时间持

久，是优良的鲜切花材料。

五、孔雀草 [*Tagetes patula*]

别名：法国万寿菊、红黄草、小万寿菊

科属：菊科万寿菊属

形态特征：植株较矮，20～40厘米，株型紧凑，多分枝呈丛生状。茎带紫色。叶对生，羽状复叶，小叶披针形，叶缘有明显的油腺点。头状花序单生，有总花梗。花序直径为3～3.5厘米。舌状花呈黄色，茎部或边缘呈红褐色，也有金黄或全红褐色而边缘为黄色的，有单瓣、半重瓣、重瓣等变化。花较万寿菊小而多，花期五至九月份。

生长习性：孔雀草适应性强，喜温暖和阳光充足的环境。对土壤和肥料要求不严，喜中等肥沃、疏松土壤。孔雀草较耐寒。能稍忍耐轻霜和稍荫的环境。

繁殖方法：播种和扦插繁殖均可。春播于四月播种，发芽迅速。若需提早花期，也可于早春在温室或拱棚育苗，可望五月前开花。也可夏播。嫩枝扦插繁殖，插穗长10厘米，两周后生根，可用于花坛布置或盆栽。

栽培管理：品种之间或与同属的万寿菊之间天然杂交，容易产生退化。应选用花色好的品种，单独播种、单独栽植，并与其他品种保持百米以上的距离。苗高15厘米可摘心促分枝。对肥水要求不严，定植后要及时中耕除草，以防止土壤板结及杂草丛生。

园林用途：最宜作为花坛边缘材料或花丛、花境等栽植，也可盆栽和做切花。

六、百日草 [*Zinnia elegans*]

别名：百日菊、步步高、火球花、对叶菊、秋罗、步登高

科属：菊科百日草属

形态特征：一年生草本，株高50～90厘米，全株被短毛，茎较粗壮。单叶对生，卵圆形至椭圆形，叶面粗糙，全缘，叶基部有明显三出脉，基部抱茎。头状花序单生枝顶，径约10厘米，舌状花序数轮，呈红、紫、黄、白等色，筒状花呈黄色或橙黄色，花期七至十月。瘦果，果熟期九至十一月。

生长习性：性强健，喜光，喜肥，耐旱，略耐高温，能自播。宜在肥沃深土层土壤中生长。在夏季阴雨、排水不良的情况下生长不良。

繁殖方法：以种子繁殖为主，四月中旬露地播种，幼苗在温暖的环境中生长迅速，经间苗和移植一次后定植，株距为30厘米，高茎种要增大到50厘米。也可利用夏季侧枝扦插繁殖。

栽培管理：百日草为短日照植物，因此需用调控日照长度的方法调控花期。若日照长于14小时，开花将会推迟；若日照短于12小时，则可提前开花。另外，也可通过调整播种期和摘心时间来控制开花期。百日草在生长后期容易徒长，通常可通过适当降温或及时摘心等措施加以控制。

园林用途：百日草生长迅速，花色繁多艳丽，是炎夏园林中的优良花卉，可布置花坛、花境，也是优良的切花材料。

七、一串红 [*Salvia splendens*]

别名：爆竹红、炮仗红、撒尔维亚、墙下红、草象牙红

科属：唇形科鼠尾草属

形态特征：多年生草本，常做一二年生栽培，株高30～80厘米，茎四棱形。叶对生，卵形，边缘有锯齿。轮伞状总状花序着生枝顶，唇形花冠，花开时，总体像一串串红

炮仗，故又名炮仗红。花冠、花萼同色，花萼宿存。变种有白色、粉色、紫色等，花期七月至霜降。小坚果，卵形，黑褐色，果熟期十至十一月份。

生长习性：原产南美巴西。喜温暖和阳光充足环境。不耐寒，耐半阴，忌霜雪和高温，怕积水和碱性土壤，要求疏松、肥沃和排水良好的沙质壤土。

繁殖方法：以播种繁殖为主，也可用于扦插繁殖。播种于春季进行，一串红为喜光性种子，播种后不需覆土。扦插繁殖可在夏秋季进行，以五至八月为好。选择粗壮充实枝条，长10厘米，插入已消毒的基质中，基质温度保持在20℃，插后10天可生根，20天可移栽。

栽培管理：一串红平时不喜大水，否则易发生黄叶、落叶现象，造成株大而花少的情况。生长期间应经常摘心、整形，以控制植株高度及分枝，促使花序长而肥大，开花整齐。小苗长至3～4对真叶时应摘心，每株至少有4个侧枝。一串红花萼日久褪色而不落，供观赏布置时，需随时清除残花，可保持花繁色艳。

园林用途：一串红可单一布置花坛、花境或花台，也可作为花丛和花群的镶边。盆栽后是组设盆花群不可缺少的材料，可与其他盆花形成鲜明的色彩对比。

八、凤仙花 [*Impatiens balsamina* L.]

别名：金凤花、好女儿花、指甲花、洒金花、急性子、透骨草

科属：凤仙花科凤仙花属

形态特征：一年生直立肉质草本，高1米左右，上部分枝，有柔毛或近于光滑。叶互生，阔或狭披针形，长达10 厘米左右，顶端渐尖，边缘有锐齿，基部呈楔形；叶柄附近有几对腺体。花大而美丽，粉红色，也有白、红、紫或其他颜色，单瓣或重瓣，生于叶

腋内。蒴果呈纺锤形，有白色茸毛，成熟时弹裂为5个旋卷的果瓣；种子多数，球形，褐色。花果期六至九月份。

生长习性：性喜阳光，怕湿，耐热、不耐寒，适生于疏松、肥沃、微酸土壤中，但也耐瘠薄。凤仙花适应性较强，移植易成活，生长迅速。

繁殖方法：采用播种繁殖。播种期为三四月份，可先在露地苗床育苗，也可在花坛内直播，能自播繁衍。上年栽过凤仙花的花坛，次年四、五月份会陆续长出幼苗，可选苗移植。从播种到开花需7～8周，可通过调节播种期来调节花期。

栽培管理：定植后应及时灌水。生长期要注意浇水，经常保持盆土湿润，特别是夏季要多浇水，但不能积水或使土壤长期过湿。夏季切忌在烈日下给萎蔫的植株浇水。特别是开花期，不能受旱，否则易落花。如果要使花期推迟，可在七月初播种。也可采用摘心的方法，同时摘除早开的花朵及花蕾，使植株不断扩大， 九月以后形成更多的花蕾，可使它们在国庆节开花。

园林用途：凤仙花花色品种极为丰富，是花坛、花境中的优良用花，也可栽植花丛和花群。

九、半支莲 [*Portulaca grandiflora* L.]

别名：太阳花、龙须牡丹、松针牡丹、日照草、指甲剪草、洋马齿苋

科属：马齿苋科马齿苋属

形态特征：一年生肉质茎叶草本。茎基部匍匐生，高15～20厘米，分枝多而光滑，节有簇生毛。叶密集枝顶，较下不规则互生，叶呈细圆柱形，有时微弯，先端钝圆，无

毛；叶柄极短或近无柄，叶腋常簇生白色长柔毛。花单生或数朵簇生枝顶，日开夜闭；有5个花瓣或为重瓣，倒卵形，先端微凹，有红、紫、黄、白等色，呈单色或复色。蒴果近椭圆形，盖裂。种子细小，呈圆肾形，深灰、灰褐或灰黑色，有光泽，被小瘤。花期五至九月份，果期八至十一月份。

生长习性：喜欢温暖、阳光充足而干燥的环境，阴暗潮湿之处生长不良。极耐瘠薄，一般土壤均能适应，而以排水良好的沙质土最相宜。

繁殖方法：能自播繁衍。用播种或扦插繁殖。春、夏、秋均可播种。覆土宜薄，不盖土也能生长。扦插繁殖常用于重瓣品种，在夏季将剪下的枝梢做插穗，萎蔫的茎也可利用，插活后即出现花蕾。

栽培管理：移栽植株无须带土，生长期不必经常浇水。果实成熟即开裂，种子易散落，需及时采收。太阳花极少病虫害。平时保持一定湿度，半月施一次0.1%的磷酸二氢钾，就能达到花大色艳、花开不断的目的。

园林用途：半支莲是良好的花坛用花，可用作毛毡花坛或花境、花丛、花坛的镶边材料，也用于饰瓶、窗台栽植或盆栽，但无切花价值。

十、夏堇 [*Torenia fournieri* L.]

别名：花公草、花瓜草、蝴蝶草、蓝猪耳

科属：玄参科蝴蝶草属

形态特征：一年生草本，株高15～30厘米，株形整齐而紧密。方茎，分枝多，呈披散状。叶对生，卵形或卵状披针形，边缘有锯齿。花腋生或顶生总状花序，唇形花冠，花色有紫青色、桃红色、蓝紫色、深桃红色及紫色等，花期七至十月份。种子细小。

生长习性：喜高温，耐炎热。喜光，耐半阴，对土壤要求不严。生长强健，需肥量不大，在阳光充足，适度肥沃、湿润的土壤上开花繁茂。

繁殖方法：播种繁殖于春季四月进行，播于露地苗床或盆播，发芽适温为20～30℃，播种后10～15天可发芽。种子呈粉末状，播种时要注意保湿。苗高10厘米时移植。

栽培管理：夏秋两季是夏堇的生长旺盛期,所以在室外温度降至12℃左右即可入室保护栽培。越冬温度最好保持在15℃以上，生长期切不可干旱，越冬期间可在表土见干后浇透,而夏季在室外养护者,需要保持一定的湿润,要勤浇水,还要勤喷水，以增加空气湿度。栽培时宜放在光照充足的地方，为保持花色艳丽，栽培前需要施用有机肥作基肥，生长期施2～3次化肥或有机肥，以保持土壤的肥力。通风则需要根据环境温度进行,禁止冬季冷风吹袭。

园林用途：宜做花坛、花境布置，也可做盆栽观赏。

十一、矮牵牛 [*Petunia hybrida Vilm*]

别名：碧冬茄、灵芝牡丹、毽子花、矮喇叭、番薯花、撞羽朝颜

科属：茄科碧冬茄属

形态特征：多年生草本，常做一二年生栽培。株高15～80厘米，全株被黏毛，茎基部木质化，茎直立或匍匐。叶卵形，全缘，互生或对生。花单生，漏斗状，花瓣边缘变化大，有平瓣、波状、锯齿状瓣，花色有白、粉、红、紫、蓝、黄等，另外有双色、星状和

脉纹等。蒴果呈卵形，种子极小。

生长习性：喜温暖和阳光充足环境。不耐寒，怕雨涝。矮牵牛的生长适温为13～18℃，冬季温度为4～10℃，如低于4℃，植株生长停止，能经受－2℃低温。但夏季高温35℃时，矮牵牛仍能正常生长，对温度的适应性较强。

繁殖方法：通常用播种和扦插繁殖。春播或秋播。扦插繁殖在室内栽培，全年均可进行，花后剪取顶端的嫩枝，插入沙床中，保持湿润，在气温为20～25℃，播后半个月即可生根，30天可移栽上盆。

栽培管理：露地定植后对主茎应进行摘心，促使侧枝萌发，增加着花部位。浇水始终遵循不干不浇、浇则浇透的原则。夏季生产盆花时，小苗生长前期应勤施薄肥，肥料选择氮、钾含量高，磷适当偏低的。冬季生产盆花时，在三至四月勤施复合肥，视生长情况，适当追施氮肥。

园林用途：矮牵牛花大色艳，花型多变，为长势旺盛的装饰性花卉，而且还能做到周年繁殖、上市，可以广泛用于花坛布置、花槽配置、景点摆放、窗台点缀，大面积栽培具有地被效果。重瓣品种还可做切花观赏。

十二、美女樱 [*Verbena×hybrida Voss*]

别名：草五色梅、铺地马鞭草、铺地锦、四季绣球、美人樱

科属：马鞭草科马鞭草属

形态特征：多年生草本植物，常做一二年生栽培。茎四棱、横展、匍匐状，低矮粗壮，全株具灰色柔毛，长30～50厘米。叶对生有短柄，长圆形、卵圆形或披针状三角形，边缘具缺刻状粗齿或整齐的圆钝锯齿，叶基部常有裂刻。穗状花序顶生，多数小花密集排列呈伞房状。苞片近披针形；花萼细长呈筒状，先端5裂；花冠呈漏斗状，长约为萼筒的两倍，先端5裂，裂片端凹入。花色多，有白、粉红、深红、紫、蓝等不同颜色，也有复色品种，略具芬芳。花期长，花期为五至十一月份，四月至霜降前开花陆续不断。蒴果，果熟期九至十月份，种子寿命为两年。

生长习性：喜阳光，不耐荫，较耐寒，耐荫差，不耐旱。在炎热夏季能正常开花。对土壤要求不严，但在疏松、肥沃、较湿润的中性土壤能生长健壮，开花繁茂。

繁殖方法：繁殖主要用扦插、压条，也可分株或播种。播种可在春季或秋季进行，常以春播为主。也可用匍匐枝进行压条，待生根后将节与节连接处切开，分栽成苗。

栽培管理：用于花坛者宜早定植，花后及时剪除残花，可延长花期。栽培美女樱应选择疏松、肥沃及排水良好的土壤。因其根系较浅，夏季应注意浇水，以防干旱。

园林用途：良好的夏、秋季花坛、花境用花材料，也可作地被植物栽培。

十三、三色堇 [*Viola tricolor* L.]

别名：三色堇菜、蝴蝶花、人面花、猫脸花、阳蝶花、鬼脸花

科属：堇菜科堇菜属

形态特征：多年生草本，常做二年生栽培。株高15～25厘米，全株光滑，分枝多。叶互生，基生叶呈卵圆形，有叶柄；茎生叶呈披针形，具钝圆状锯齿。花顶生或腋生；花瓣5片，上面1片先端短钝，下面的花瓣有腺形附属体，并向后伸展，状似蝴蝶，花色绚丽，每花有黄、白、蓝三色，花瓣中央还有一个深色的“眼”状斑纹。除一花三色外，还有纯黄、纯蓝、纯白、褐、红色。蒴果呈椭圆形，三瓣裂。种子呈倒卵形，果熟期五至七月份，种子寿命为两年。花期通常为四至六月份，南方可在一二月份开花。

生长习性：较耐寒，喜凉爽，在昼温15～25℃、夜温3～5℃的条件下发育良好。昼温若连续在30℃以上，则花芽消失，或不形成花瓣。日照长短比光照强度对开花的影响大，日照不良，开花不佳。喜肥沃、排水良好、富含有机质的中性壤土或黏壤土。

繁殖方法：播种法，以秋、冬季为播种适期。扦插以初夏为最好。一般剪取植株中心根茎处萌发的短枝作插穗比较好，开花枝条不能作插穗。扦插成活率很高。压条繁殖也很容易成活。

栽培管理：栽培土质以肥沃、富含有机质的壤土为佳。花谢后立即剪除残花，能促使再开花，至春末以后气温较高，开花渐少也渐小。性喜冷凉或温暖，忌高温、多湿，若有乍热、高温，应力求通风良好，使温度降低，以防枯萎死亡。

园林用途：三色堇花期长，色彩丰富，株型矮，常用于花坛、花境及镶边，或用不同花色品种组成图案式花坛，也可盆栽及做切花。

十四、羽衣甘蓝（*Brassica oleracea* var. acephala）

别名：叶牡丹、牡丹菜、花包菜、绿叶甘蓝

科属：十字花科芸薹属

形态特征：二年生草本花卉，株高30～40厘米，叶匙状、宽大，叶柄粗有叶翼，边缘细波状折叠，叶片层层重叠，密集成球形。叶色有蓝、粉红、紫红、米黄、蓝绿等。十二月至翌年二月观叶，顶生总状花序，花期四至五月份。果实为角果，扁圆形，种子呈圆球形，褐色，千粒重4克左右。

生长习性：喜冷凉气候，极耐寒，可忍受多次短暂的霜冻，耐热性也很强，生长势强，栽培容易，喜阳光，耐盐碱，喜肥沃土壤。生长适温为20～25℃，种子发芽的适宜温度为18～25℃。

繁殖方法：以播种繁殖为主，一般羽衣甘蓝播种期为七月中旬至八月上旬，定植期为八月中下旬。播种床要用富含腐殖质的肥沃沙壤土，将种子直接撒播于床土上，不需覆土，但要浇足水。若播种过早，生长后期老叶即开始出现黄化，不但加大了管理难度，而且管理期延长；若播种过晚，生长后期因受温度影响，出圃时叶丛冠径达不到所需规格。

栽培管理：定植前要施足基肥，栽培期间少浇水，多施肥。在生长后期应适当追施磷、钾肥，忌施氮肥，以促其发棵着色。施肥时不要浇淋到叶片上或花心里，以免污染叶片，或因肥害引起叶片枯尖和枯心。长江以南地区必须露地栽培。

园林用途：羽衣甘蓝为冬季花坛的重要材料。其观赏期长，叶色极为鲜艳，在公园、街头、花坛常见用羽衣甘蓝镶边和组成各种美丽的图案，用于布置花坛，具有很高的观赏效果。其叶色多样，有淡红、紫红、白、黄等，是盆栽观叶的佳品。

十五、金盏菊（*Calendula officinalis* L.）

别名：金盏花、黄金盏、长生菊、醒酒花

科属：菊科金盏菊属

形态特征：一二年生草本，株高30～60厘米，全株具毛。叶互生，呈长椭圆形，基部抱茎。头状花序，单生茎顶，中央为筒状花，四周为舌状花。花色从金黄至橙红色，花期三至六月份。瘦果弯曲，有刺，果熟期五至七月份。

生长习性：喜日光充足、通风良好的环境。较耐寒而忌湿热。适应性强，对土壤要求不严，以疏松、肥沃、微碱性土壤栽培长势旺盛。

繁殖方法：播种繁殖，九月上旬播，因种子较大，播种后覆盖的土层应略高一些，以保证出苗稳健。

栽培管理：定植后7～10天摘心促使分枝，由定植至开花前，要追施2～3次液态肥料，以促使植株长势健壮，提高开花质量。但施肥时要控制氮肥用量，以避免出现茎叶肥大而开花疏少的现象。当果实饱满，色泽由绿逐渐变黄时，表明种子已经成熟，应选择晴天及时采收。

园林用途：金盏菊植株矮生、密集，花色有淡黄、橙红、黄等，鲜艳夺目，是早春园林中常见的草本花卉，适用于中心广场、花坛、花带布置，也可作为草坪的镶边花卉或盆栽观赏。长梗大花品种可用于切花。

实训四 露地草花播种技术

一、实训目的及要求

使学生掌握露地草花地播和盆播技术。

二、实训材料与用具

大粒花卉种子、微粒花卉种子、喷壶、培养土、铁锹、筛子、花盆、苗盘、农药等。

三、实训方法与步骤

一组操作露地播种，另一组操作盆钵播种。

1. 整地作畦，准备育苗床，浇水保墒，按一定株行距播大粒种子。

2. 准备育苗盆、育苗盆土，微粒种子播种，用盆底给水法浇水。

四、作业

记录操作步骤，统计出苗率及检查播种均匀程度。

实训五 花卉管理实践（摘心、抹芽、疏蕾等）

一、实训目的及要求

使学生熟悉花卉生长发育规律，掌握花卉摘心、抹芽、疏蕾等技术。

二、实训材料与用具

直尺、芽接刀、塑料袋、喷雾器、杀菌器、花卉材料。

三、实训方法与步骤

选定某一种花卉为材料，由教师指导学生分组进行摘心、抹芽、疏蕾操作。

1. 根据花卉种类研究摘心、抹芽、疏蕾方案及内容。

2. 摘心时用一只手握住要保留的最后一节，另一只手捏住茎尖侧下折去茎尖，不能提苗。

3. 抹芽、疏蕾时应注意，在花蕾发育后，除了要保留的花蕾外，其余下部侧芽和花蕾都要及时抹去，不能伤及叶及预留枝芽。

四、作业

通过实际操作，分析摘心、抹芽、疏蕾技术操作不当引起的问题和解决的措施。

思考与练习

1. 简述一二年生花卉的含义及其特点。
2. 试述一二年生花卉繁殖栽培管理技术要点。
3. 一年生草花和二年生草花有哪些区别?
4. 分别举出10种春天、夏天开花的一二年生花卉。

第三章 宿根花卉

学习目标

◆掌握露地宿根花卉的概念及其特点

◆掌握常见宿根花卉的生态习性、繁殖栽培管理技术要点

◆能识别20种常见的宿根花卉，能熟练应用宿根花卉，独立进行宿根花卉的栽培繁殖

第一节 概 述

一、概述

宿根花卉是指植株地下部分宿存越冬而不膨大，次年仍能继续萌芽开花，并可持续多年的草本花卉。宿根花卉由于种类繁多，适应环境能力强，耐寒，耐旱，耐瘠薄土壤，病虫害少，繁殖容易，栽培简单，管理较粗放，成本低，见效快，群体功能强等优点，近年来在园林中得到了广泛应用。

宿根花卉繁殖以营养繁殖为主，包括分株和扦插等。最普遍、最简单的方法是分株。为了不影响开花，春季开花的种类应在秋季或初冬进行分株，如芍药、荷包牡丹等；而夏秋开花的种类宜在早春萌芽前分株，如桔梗、萱草、宿根福禄考等。还可以用根蘖、吸芽、走茎、匍匐茎繁殖。此外，有些花卉也可以采用扦插繁殖，如荷兰菊、紫菀等。还可采用播种繁殖，播种期因种而异，可秋播或春播。

二、栽培管理要点

宿根花卉的栽培管理与一二年生花卉的栽培管理有相似的地方，但由于其自身的特点，决定其应注重以下几个方面：

宿根花卉根系强大，入土较深，种植前应深翻土壤。整地深度一般为40～50厘米。当土壤下层混有砂砾，且表土为富含腐殖质的黏质土壤时花朵开得更大。种植宿根花卉应选排水良好之处，株行距为40～50厘米。若播种繁殖，其幼苗喜腐殖质丰富的沙质土壤，而在第二年以后以黏质壤土为佳。因其一次种植后不用移植，可多年生长，因此，在整地时应大量施入有机质肥料，以维持较长期的良好的土壤结构，以利宿根花卉的正常生长。

对于播种繁殖的宿根花卉，其育苗期应注意浇水、施肥和中耕除草等工作，定植后一般管理比较简单、粗放，施肥也可减少。但要使其生长茂盛，花多花大，最好在春季新芽抽出时进行追肥，花前、花后可再追肥一次。秋季叶枯时可在植株四周施以腐熟厩肥或堆肥。

宿根花卉与一二年生花卉相比，能耐干旱，适应环境的能力较强，浇水次数可少于一二年生花卉。但在其旺盛的生长期，仍需按照各种花卉的习性给予适当的水分，在休眠前则应逐渐减少浇水。

宿根花卉修剪整形常用的措施有：除芽，多用于花卉生长旺盛季节，将枝条上不需要的侧芽于基部摘除，如在培育标本菊时；剥蕾，剥除侧蕾或过早发生的花蕾，如在芍药和菊花的栽培过程中；绑扎、立支柱和支架，这是防止倒伏或使株型美观所采取的措施，如栽培标本菊、悬崖菊和大立菊等时常用。大株的宿根花卉定植时要进行根部修剪，将伤根、烂根和枯根剪去。

宿根花卉的耐寒性比一二年生花卉强，无论冬季地上部分落叶的，还是常绿的，均处于休眠、半休眠状态。常绿宿根花卉在南方可露地越冬，在北方应温室越冬。落叶宿根花卉大多可露地越冬，其通常采用的措施有：培土法，将花卉的地上部分用土掩埋，翌春再清除泥土；灌水法，如芍药等，利用水有较大的热容量的性能，将需要保温的园地漫灌，从而达到保温、增湿的效果。大多数宿根花卉入冬前都可采用这种方法。除此之外，宿根花卉也可以采用覆盖法保护越冬。

第二节　常见宿根花卉栽培

一、萱草 [*Hemerocallis* L.]

别名：黄花菜、金针菜

科属：百合科萱草属

形态特征：多年生宿根草本，具短根状茎和粗壮的纺锤形肉质根。叶基生、宽线形、对排成两列，宽2～3厘米，长可达50厘米以上，背面有龙骨突起，嫩绿色。花葶细长坚挺，高60～100厘米，花6～10朵，呈顶生聚伞花序。初夏清晨开花，颜色以橘黄色为主，有时可见紫红色，花大，呈漏斗形，内部颜色较深，直径为10厘米左右，花被裂片长圆形，下部合成花被筒，上部开展而反卷，边缘呈波状，橘红色。花期6月上旬至7月中旬，每花仅开放1天。蒴果，背裂，内有亮黑色种子数粒。

生长习性：性强健，耐寒。适应性强，喜湿润也耐旱，喜阳光又耐半阴。对土壤选择性不强，但以富含腐殖质、排水良好的湿润土壤为宜。

繁殖方法：分株或播种繁殖。分株繁殖为主，春秋以每丛带2～3个芽，施以腐熟的堆肥，若春季分株，夏季就可开花。播种繁殖春秋均可。春播时，头一年秋季将种子沙藏，播后发芽迅速而整齐。秋播时，9—10月份露地播种，立春发芽。实生苗一般两年开花。

栽培管理：萱草生长强健，适应性强，耐寒。在干旱、潮湿、贫瘠土壤均能生长，但生长发育不良，开花小而少。做地被植物时几乎不用管理。

园林用途：花色鲜艳，栽培容易，且春季萌发早，绿叶成丛极为美观。园林中多丛植或于花境、路旁栽植。萱草类耐半阴，又可做疏林地被植物。

二、玉簪 [*Hosta plantagineaaschers*]

别名：玉春棒、白鹤花、玉泡花、白玉簪

科属：百合科玉簪属

形态特征：宿根草本，株高30～50厘米。叶基生成丛，卵形至心状卵形，基部心形，叶脉呈弧状。总状花序顶生，高于叶丛，花为白色，管状漏斗形，浓香。花期6—8月。

生长习性：性强健，耐寒冷，性喜阴湿环境，不耐强烈日光照射，要求土层深厚、排水良好且肥沃的沙质壤土。

繁殖方法：播种和分株法繁殖，一些园艺的新品种也用组培法繁殖。因种子很少，于秋后种子成熟且种荚未开裂前收获，晾干储藏。翌年早春即可播种，播种苗生长缓慢。分株繁殖是玉簪繁殖的主要方法。春秋季均可，分株繁殖能保留该品种的优良性状，且生长快，当年就能开花。

栽培管理：喜欢略微湿润的气候环境，夏季高温时，如放在直射阳光下养护，就会生长十分缓慢或进入半休眠的状态，并且叶片也会受到灼伤而慢慢地变黄、脱落。对肥水要求较多，要求遵循“淡肥勤施，量少次多，营养齐全”和“见干见湿，干要干透，不干不浇，浇就浇透”的两个施肥（水）原则，并且在施肥过后，晚上要保持叶片和花朵干燥。

园林用途：在园林中可用于树下做地被植物，或植于岩石园或建筑物北侧，也可盆栽观赏或做切花用。

三、紫萼 [*Hosta ventricosa*]

别名：紫玉簪

科属：百合科玉簪属

形态特征：多年生草本，根状茎粗达2 厘米，常直生；须根被绵毛。叶基生，多数。叶面呈亮绿色，背面稍淡，卵形或菱状卵形，先端骤狭渐尖，基部楔形或浅心形但下延，中肋和侧脉在上表面下凹，背面隆起。花葶直立，绿色，圆柱形。总状花序,花梗呈青紫色，向花序近侧平伸，果期下弯。蒴果呈黄绿色，下垂，三棱状圆柱形，先端具短喙。种子为黑色，扁长圆形。花期6—7月，果9—10月开裂。

生长习性：喜阴，喜温暖、湿润环境，较耐寒，入冬后地上部枯萎，休眠芽露地越冬，喜肥沃、湿润、排水良好的沙质壤土。

繁殖方法：主要以分株繁殖为主，于春秋季分盆移栽。也可播种或组织培养繁殖。

栽培管理：春、秋时节移栽效果最好，夏季移栽次之。紫萼移栽后极易成活，见效快，管理粗放。

园林用途：适宜配植于花坛、花境和岩石园，可成片种植在林下、建筑物背阴处或其他裸露的遮阴处，也可盆栽供室内观赏。

四、芍药 [*Paeonia lactiflora*]

别名：将离、离草、婪尾春、余容、犁食、没骨花、黑牵夷、红药

科属：芍药科芍药属

形态特征：根肉质，粗壮，呈纺锤形或长柱形。茎簇生，高60～80厘米，初生茎叶呈褐红色，二回三出复叶，小叶通常三深裂。多为单花，具长梗，着生于茎顶或近顶端叶腋处。花单瓣或重瓣，原种花外轮萼片5片，绿色；花瓣为5～10片，花色有白、黄、粉红、紫红等。蓇葖果2～8枚离生；种子呈球形，黑褐色。

生长习性：性耐寒，喜肥怕涝，喜土壤湿润，但也耐旱，喜阳光，夏季喜凉爽气候。盆栽芍药盛夏烈日下易焦叶，应注意遮阴。芍药为肉质根，根系较长，故应栽植在肥沃、疏松、排水良好的沙质壤土中，栽于黏土和低洼积水的地方易烂根。

繁殖方法：一般采用分株繁殖。芍药春季不宜移植，通常于十月间地上部分枯萎后进行分株。每丛带3～5个饱满充实的芽及下面的根群(切忌伤害芽眼)，将根部切口处涂上少许硫黄粉，以防病菌侵入。也可采用播种法，一般在秋季播种，当年即可生根。播种前，先采摘成熟的种子，并及时播种。

栽培管理：芍药是深根花卉,要选择深盆栽植,浇透定根水，放于通风向阳处养护。早春根芽出土时要结合浇水。花后要及时剪去凋谢的花朵，减少体内营养消耗。

园林用途：芍药花大艳丽，品种丰富，在园林中常成片种植，或沿着小径、路旁做带形栽植，或在林地边缘栽培，并配以矮生、匍匐性花卉。有时单株或二、三株栽植以欣赏其特殊品型花色。更有完全以芍药构成专类花园的。芍药又是重要的切花，或插瓶，或做花篮。

五、荷兰菊 [*Aster novi-belgii*]

别名：纽约紫菀

科属：菊科紫菀属

形态特征：多年生宿根草本花卉，须根较多，有地下走茎，茎丛生、多分枝，高60～100厘米。叶呈线状披针形，光滑，幼嫩时微呈紫色，在枝顶形成伞状花序，花色为蓝紫或玫红，花期8—10月。

生长习性：喜阳光充足和通风的环境，适应性强，喜湿润但耐干旱，耐寒，耐瘠薄，对土壤要求不严，适宜在肥沃和疏松的沙质土壤生长。

繁殖方法：繁殖法有分株、扦插和播种法。分蘖力极强，分栽时间一般选择在初春土壤解冻，母株刚长出丛生叶片后，可直接用分栽蘖芽的方式，极易成活。扦插于夏季进行。播种繁殖的播种期在三月上旬左右。

栽培管理：生长季节10～15天追施稀薄肥料一次，并注意及时浇水。入冬前浇冻水一次，即可安全越冬，翌年由根部重新萌芽，长成新株。每2—3年应分栽一次，剪除老根，将每株分为数丛，重新栽植。经常修剪，控制花期和植株高度。选择向阳和通风场所栽植，定植或盆栽苗高1厘米时可进行摘心，促使多分枝。秋季天气干燥，应注意浇水。

园林用途：适于盆栽室内观赏和布置花坛、花境等，更适合做花篮、插花的配花。

六、大花金鸡菊 [*Coreopsis grandiflora* Hogg.]

别名：剑叶波斯菊、狭叶金鸡菊、剑叶金鸡菊

科属：菊科金鸡菊属

形态特征：多年生宿根草本，株高30～60厘米。茎直立多分枝。基生叶和部分茎下部叶披针形或匙形；茎生叶全部或有时3～5裂，裂片披针形或条形，先端钝形。头状花序，有长柄，边缘一轮舌状花，其他为管状花。舌状花通常8枚，黄色，顶端三裂。瘦果圆形，具阔而薄的膜质翅。花期6—8月。

生长习性：耐旱，耐寒，也耐热，对土壤要求不严，喜肥沃、湿润、排水良好的沙质壤土。

繁殖方法：采用播种繁殖，对土壤要求不高，耐寒，耐旱。栽培容易，常能自行繁衍。生产中多采用播种或分株繁殖，夏季也可进行扦插繁殖。播种繁殖一般在八月进行，也可春季四月底露地直播，7—8月份开花。

栽培管理：定植浇透水一次，以后控制浇水，否则易徒长；定植前用腐叶作为基

肥；营养生长向生殖生长过渡期停肥；花蕾长出后追肥。小苗定植后新枝生长前应松土，雨后松土利于呼吸，雨季每周除草一次。注意通风，株高6厘米时摘第一次心，分枝10厘米时摘第二次心，及时除柳芽。

园林用途：大花金鸡菊花色鲜艳，花期长，是花境、坡地、庭园、街心花园、缀花草坪的良好美化材料，还可做切花，也是极好的疏林地被。

七、紫松果菊 [*Echinacea purpurea* Moench.]

别名：松果菊

科属：菊科紫松果菊属

形态特征：多年生宿根草本，株高80～120厘米。叶卵形或披针形，缘具疏浅锯齿，基生叶基部下延，茎生叶叶柄基部略抱茎。头状花序单生或数朵集生，舌状花一轮，玫瑰红或紫红色，稍下垂，中心管状花具光泽，呈深褐色，盛开时呈橙黄色。花期7—9月。

生长习性：性强健且耐寒，在我国北方地区可露地越冬。喜光照，喜深厚、肥沃的壤土，能自播繁殖。

繁殖方法：采用播种及分株繁殖。早春四月露地直播，常规管理。春、秋可分株繁殖。

栽培管理：常用生产穴盘苗栽培，要保持光照充足，基质湿润，但不能发生水浸现象。培养基质的pH值应保持在5.5～7.0。由穴盘苗移栽后一般经4～5个月即可开花。

园林用途：紫松果菊是很好的花境、花坛材料，也可丛植于花园、篱边、山前或湖岸边。水养持久，是良好的切花材料。

八、白晶菊 [*Chrysanthemum paludosum*]

别名：晶晶菊

科属：菊科茼蒿属

形态特征：多年生草本植物，株高15～25厘米，叶互生，一至两回羽裂。头状花序顶生，盘状，边缘舌状花呈银白色，中央筒状花呈金黄色，色彩分明、鲜艳。株高长到15厘米即可开花，花期从冬末至初夏，3—5月是盛花期。花后结瘦果，5月下旬成熟。

生长习性：喜阳光充足而凉爽的环境，光照不足开花不良。耐寒，不耐高温，生长适温为15～25℃，花坛露地栽培-5℃以上能安全越冬，若-5℃以下长时间低温，叶片受冻，干枯变黄，当温度升高后仍能萌叶、孕蕾开花。适应性强，不择土壤，但种植在疏松、肥沃、湿润的壤土或沙质壤土中生长最佳。

繁殖方法：播种繁殖，通常在秋季九、十月份播种，发芽适宜温度为15～20℃。播种时和播种后宜用苇帘遮阴，不可用薄膜覆盖。将种子与少量的细沙或培养土混匀后撒播于苗床或育苗盘中，覆土厚度以不见种子为宜，保持湿润，5～8天发芽。

栽培管理：白晶菊多花且花期极长，花期还需要及时补充磷、钾肥。花谢后，若不留种子，可随时剪去残花，促发侧枝产生新蕾，增加开花数量，延长花期。

园林用途：白晶菊低矮而强健，多花，花期早，花期长，成片栽培耀眼夺目，适合盆栽或早春花坛美化，也可作为地被花卉栽种。

九、蜀葵 [*Althaea rosea*（Linn.）Cavan]

别名：一丈红、熟季花、戎葵

科属：锦葵科蜀葵属

形态特征：多年生宿根大草本植物，植株高可达2～3米，茎直立挺拔，丛生，不分枝，全体被星状毛和刚毛。叶片近圆心形或长圆形，互生，基生叶片较大，叶片粗糙，两

面均被星状毛。花单生或近簇生于叶腋，有时呈总状花序排列，花色艳丽，有粉红、红、紫、墨紫、白、黄、水红、乳黄、复色等，单瓣或重瓣。果实为蒴果，果实扁圆形，种子呈肾形，背部边缘竖起如鸡冠状，侧面有斜纹。

生长习性：喜阳光充足，耐半阴，但忌涝。耐盐碱能力强。耐寒冷，在华北地区可以安全露地越冬。在疏松、肥沃、排水良好、富含有机质的沙质土壤中生长良好。

繁殖方法：通常采用播种繁殖，也可进行分株和扦插繁殖。春播、秋播均可,南方常采用秋播，而北方常以春播为主。蜀葵种子成熟后即可播种。分株在秋季进行，适时挖出多年生蜀葵的丛生根，用快刀切割成数小丛，使每小丛都有两三个芽，然后分栽定植即可。春季分株稍加强水分管理。

扦插在花后至冬季均可进行。取蜀葵老干基部萌发的侧枝作为插穗，插后用塑料薄膜覆盖进行保湿，并置于遮阴处直至生根。

栽培管理：应经常松土、除草，以利于植株生长健壮。花后及时将地上部分剪掉，还可萌发新芽。盆栽时，应在早春上盆，保留独本开花。栽植3—4年后，植株易衰老，因此应及时更新。另外，蜀葵易杂交，为保持品种的纯度，不同品种应保持一定的距离。

园林用途：宜种植在建筑物旁、假山旁或用于点缀花坛、草坪，成列或成丛种植。矮生品种可做盆花栽培，陈列于门前，不宜久置室内。也可剪取做切花，供瓶插或做花篮、花束等用。

十、鸢尾 [*Iris tectorum* Maxim.]

别名：紫蝴蝶、蓝蝴蝶、乌鸢、扁竹花

科属：鸢尾科鸢尾属

形态特征：多年生宿根性直立草本，高30～50厘米。根状茎匍匐多节，粗而节间短，呈浅黄色。叶为渐尖状剑形，宽2～4厘米，长30～45厘米，质薄，淡绿色，呈二纵列交互排列，基部互相包叠。春至初夏开花，总状花序1～2枝，每枝有花2～3朵；花呈蝶形，花冠蓝紫色或紫白色，径约10厘米，外3枚较大，圆形下垂；内3枚较小，倒圆形；外列花被有深紫斑点，中央面有一行鸡冠状白色带紫纹突起，花期4—6月。果期6—8月。

生长习性：喜阳光充足，气候凉爽，耐寒力强，也耐半阴环境。要求适度湿润、排水良好、富含腐殖质、略带碱性的黏性土壤。

繁殖方法：多采用分株或播种法。分株春季花后或秋季进行均可，分割根茎时，注意每块应具有2～3个不定芽。种子成熟后应立即播种。

栽培管理：植株栽植前可施入基肥。对冬季较寒冷的地区，株丛上应覆盖厩肥或树叶等防寒。对于植株栽植深度，在排水良好的土壤上根茎顶部低于地面5厘米，在黏土上根茎顶部则要略高于地面，以利于植株生长。

园林用途：鸢尾叶片碧绿青翠，花形大而奇，宛若翩翩彩蝶，是庭园中的重要花卉之一，也是优美的盆花、切花和花坛用花，也可用作地被植物。

十一、荷包牡丹 [*Dicentra spectabilis*（L.）lem]

别名：兔儿牡丹、铃儿草、鱼儿牡丹、铃心草、璎珞牡丹、土当归、锦囊花

科属：荷包牡丹科荷包牡丹属

形态特征：多年生草本，株高30～60厘米。具肉质根状茎。叶对生，二回三出羽状复叶，状似牡丹叶，叶具白粉，有长柄，裂片倒卵状。总状花序顶生呈拱状。花下垂向一边，鲜桃红色，有白花变种；花瓣外面2枚基部囊状，内部2枚近白色，形似荷包，故名荷包牡丹。蒴果细而长。种子细小有冠毛。花期4—6月份。

生长习性：喜光，可耐半阴，性强健，耐寒而不耐夏季高温，喜湿润，不耐干旱。宜富含有机质的壤土，在沙土及黏土中生长不良。

繁殖方法：播种、分株或扦插均可。种子成熟后，随采随播。扦插则在花谢后剪去花序，剪取下部有腋芽的健壮枝条，切口蘸硫黄粉或草木灰，插于素土中，浇水后置阴处，常向插穗喷水，但要节制盆土浇水，微润不干即可，月余可生根。分株在早春新芽萌动而新叶未展出之前进行。

栽培管理：荷包牡丹系肉质根，稍耐旱，怕积水，因此要根据天气、盆土的墒情和植株的生长情况等因素适量浇水。荷包牡丹喜肥，上盆定植或翻盆换土时，宜在培养土中加点骨粉、腐熟的有机肥或氮磷钾复合肥，生长期施稀薄的氮磷钾液肥，使其叶茂花繁，花蕾显色后停止施肥，休眠期不施肥。为使养分集中，秋、冬季落叶后，也要进行整形修剪。剪去过密的枝条，如并生枝、交叉枝、内向枝及病虫害枝等，使植株保持美丽的造型。

园林用途：荷包牡丹叶丛美丽，花朵玲珑，形似荷包，色彩绚丽，是盆栽和切花的好材料，也适宜于布置花径和在树丛、草地边缘湿润处丛植，景观效果极好。

十二、火炬花 [*Kniphofia uvaria* Hook.]

别名：红火棒、火把莲

科属：百合科火把莲属

形态特征：株高80～120厘米，茎直立。根茎短，稍带肉质。叶线形，基部丛生。花茎直立，高可达1米，总状花序着生数百朵筒状小花呈火炬形，花冠橘红色，花期6—7月。蒴果黄褐色，果期9月份。

生长习性：喜温暖湿润、阳光充足环境，也耐半阴。要求土层深厚、肥沃及排水良好的沙质壤土。

繁殖方法：播种和分株繁殖。播种繁殖时间宜在春、秋季，以早春播种效果最好。分株繁殖春秋两季皆可，一般在花后进行，以9月上旬为最适期。分株时从根茎处切开，每株需有2～3个芽，并附着一些须根，分别栽种。

栽培管理：火炬花多行露地栽培，也可盆栽。定植地应选择地势高燥、背风向阳处、腐殖质丰富的黏质壤土。定植前多施一些腐熟的有机肥，并增加磷、钾肥，然后深翻土壤。注意中耕、松土、蹲苗，促发新根。夏季要充分供水与追肥，则生长迅速。冬春干旱地区，在上冻前要灌透水，并用干草或落叶覆盖植株，防止干、冻死亡。早春去除防寒覆盖物要晚，注意倒春寒的袭击，防止植株受损伤。

园林用途：火炬花是优良庭园花卉，可丛植于草坪之中或植于假山石旁，用作配景，也适合布置多年生混合花境和在建筑物前配置，花枝可供切花。

十三、紫露草 [*Tradescantia albiflora* Vell.]

别名：紫鸭跖草、紫叶草

科属：鸭跖草科鸭跖草属

形态特征：茎多分枝，带肉质，紫红色，下部匍匐状，节上常生须根，上部近于直立。叶互生，披针形，全缘，基部抱茎，花密生在二叉状的花序柄上，下具线状披针形苞片；萼片3，绿色，卵圆形，宿存，花瓣3，蓝紫色，广卵形。蒴果椭圆形，有3条隆起棱线。种子呈三棱状半圆形，棕色。花期6—9月。

生长习性：喜日照充足，但也能耐半阴，紫露草生性强健，耐寒，在华北地区可露地越冬。对土壤要求不严。

繁殖方法：采用扦插法繁殖，通常采用茎尖作为繁殖材料，成活率很高。多在每年四至六月份进行，可用细沙做繁殖基质。

栽培管理：将花盆摆放在阴暗处，则容易引起枝条徒长而茎稀叶少，失去光泽；在夏季遭到强光直射，就会灼伤叶片。夏季置于室内养护时，要注意通风和喷水降温。冬季可悬挂在窗前光线较充足的地方，经常用与室温接近的清水洗枝叶，以防灰尘沾污叶面，降低观赏效果。

园林用途：适应性广，可用作布置花坛，如成片或成条栽植，围成圆形、方形或其他形状，中心种植灌木、低乔木或其他花卉。也可在城市花园广场、公园、道路、湖边、山坡、林间等处呈条形、环形或片形种植，并用灌木或绿篱作背景。

十四、耧斗菜 [*Aquilegia vulgaris* L.]

别名：猫爪花

科属：毛茛科耧斗菜属

形态特征：多年生草本植物，株高50～70厘米。茎直立，二回三出复叶，蓝绿色。花冠漏斗状、下垂，花瓣5枚，通常深蓝紫色或白色，栽培品种有粉红、黄等色；萼片5，与花瓣同色。蓇葖果深褐色。花期4—6月，果熟期5—7月。

生长习性：喜凉爽气候，忌夏季高温曝晒，适宜生长在沙质壤土中。

繁殖方法：分株或播种繁殖，播种繁殖于春秋季均可进行。播种最好于种子成熟后立即盆播，撒种要稀疏，出苗前需用玻璃覆盖播盆以保持土壤湿润并遮阴。也可在秋季落叶后或早春发芽前进行分株繁殖。

栽培管理：夏季需适当遮阴，或种植在半遮阴处，则生长更旺盛，忌积水，雨后应及时排水。严防倒伏，同时需加强修剪，以利通风透光。控制病虫害，注意合理施肥。待苗长到一定高度时，需及时摘心，以控制植株的高度；入冬以后北方地区还应浇足防冻水，在植株基部培上土，以提高越冬的防冻能力。

园林用途：叶型优美，花姿独特，可丛植于花坛、花境及岩石园中，林缘或疏林下。

十五、飞燕草 [*Delphinium grandiflorum* L.]

别名：大花飞燕草、鸽子花、百部草、鸡爪连、干鸟草、萝小花、千鸟花

科属：毛茛科翠雀属

形态特征：多年生草本，高35～65厘米。全株被柔毛。叶互生，掌状深裂，基生叶和茎下部叶具长柄；叶片圆肾形，三全裂。总状花序，花左右对称；小苞片条形或钻形；萼片5，花瓣状，蓝色或紫蓝色。蓇葖果3个聚生。花期8—9月。果期9—10月。

生长习性：较耐寒，喜阳光，怕暑热，忌积涝，宜在深厚肥沃的沙质土壤上生长。

繁殖方法：分株、扦插和播种法繁殖。分株繁殖在春、秋季均可进行。扦插繁殖在春季新芽长至15～18厘米时扦插，生根后移栽，也可于花后取基部的新枝扦插。

栽培管理：飞燕草为直根性花卉，须根少，以直播为好，不耐移植，如需移植，需带土球，否则影响成活率。幼苗移栽后，浇水适当可促进根系生长，良好的通风条件又可防止根腐病的发生。在开花前适量追施氮肥，开始开花时施用磷钾肥，做切花要防倒伏。

园林用途：飞燕草植株挺拔，叶纤细清秀、花穗长，色彩鲜艳，开花早，为花坛及切花的好材料。

十六、落新妇 [*Astilbe chinensis*（*Maxim.*）Franch.et Sav.]

别名：红升麻、虎麻、金猫儿、升麻、金毛、三七

科属：虎耳草科落新妇属

形态特征：多年生直立草本，高45～65厘米。被褐色长柔毛并杂以腺毛；根茎横走，粗大呈块状，须根暗褐色。基生叶为二至三回三出复叶，具长柄，托叶较狭；小叶片卵形至长椭圆状卵形或倒卵形，边缘有尖锐的重锯齿，两面均被刚毛，脉上尤密；茎生叶2～3枚，较小，与基生叶相似，基部钻形。花轴直立，高20～50厘米；圆锥状花序对茎生叶而生出；苞片卵形，萼筒浅杯状，5深裂；花瓣5，窄线状，淡紫色或紫红色。蒴果，成熟时橘黄色；种子多数。花期8—9月。

生长习性：喜半阴，在湿润的环境下生长良好。性强健，耐寒，对土壤适应性较强，喜微酸、中性排水良好的沙质壤土，也耐轻碱土壤。

繁殖方法：可用播种或分株繁殖，播种春秋两季均可进行，分株一般在秋季进行。分株时将母株挖起，从根茎处用利刀切开，另行栽种即可。

栽培管理：宜栽种在半阴处，栽前耕翻整平土地，并施入基肥。生长期间应及时浇水，以保持土壤湿润，并适时进行中耕除草。夏季雨后要注意及时排水，防止倒伏。花谢后及时将残花剪除，减少养分消耗，为来年开花打下基础。

园林用途：可植于林下或半阴处观赏，也可做盆花及切花。

十七、多叶羽扇豆 [*Lupinus polyphyllus* Lindl.]

别名：鲁冰花

科属：豆科羽扇豆属

形态特征：多年生草本，高 50～100厘米。茎直立，分枝成丛。全株无毛或上部被稀疏柔毛。叶多基生，掌状复叶，小叶9～16枚，叶色绿。轮生总状花序，在枝顶排列很紧密，长可达60厘米，花冠蓝色至堇青色，无毛。园艺栽培的还有白、红、青等色，以及杂交大花种，色彩变化很多，花期5—6月份。荚果长圆形，被绒毛，果期7—10月份，种子卵圆形，黑色。

生长习性：喜凉爽气候，喜阳，稍耐阴，耐寒，忌高温高湿，不耐碱，在土层深厚、排水良好的微酸性土壤中生长良好。

繁殖方法：播种或扦插繁殖。播种繁殖于秋季进行。扦插繁殖在春季剪取根茎处萌发枝条，最好略带一些根茎，扦插于冷床。

栽培管理：夏季应特别注意，防止高温多湿、阳光灼晒造成的叶片发黄、植株生长矮小甚至死亡。开花期的园林应用中也可直接将其栽于林间树下、凉爽通风处，方便夏季管理。盆栽观赏后，要及时剪除残余花穗和枯老叶片，控制肥水，做好高温期遮阴防护，确保安全越夏。

园林用途：适宜布置花坛、花境或在草坡中丛植，也可盆栽或做切花。

十八、随意草 [*Physostegia virginiana* Benth.]

别名：芝麻花、假龙头、囊萼花、棉铃花、虎尾花、一品香

科属：唇形科随意草属

形态特征：多年生宿根草本，株高40～80厘米。地上茎直立呈四棱状。叶对生，呈长椭圆至披针形，缘有锯齿。穗状花序聚成圆锥花序状，小花密集。如将小花推向一边，不会复位，因而得名。小花玫瑰紫色。花期夏季。有白、深桃红、玫红、雪青等色变种。小坚果，果期8—10月。

生长习性：喜光，耐寒，宜湿润而排水良好的沙质壤土或壤土，忌夏季燥热干旱。

繁殖方法：多用分株和扦插法，分株宜在春季萌发前进行。扦插只要在生长季节都可以进行，扦于砻糠灰中。

栽培管理：为控制株高，可将顶梢掐去，促其分枝。以后视其发育和对花期的要求，株高情况，若株型过高，还需掐去顶梢。生长期间，要给予充足的阳光，但盛夏最好能稍加遮阴。长期光照不足，会导致徒长，节间过长。干旱、干燥会导致老叶焦边脱落。在随意草第一批花后，要及时去掉残花，促进新梢生长，若肥力不差，可以二次着花。入冬后，地上部分容易枯萎，盆栽的应移至背风处，稍保持土壤湿润就能越冬。

园林用途：可用于秋季花坛，也可用于花境或做切花，也可盆栽。

十九、美国薄荷 [*Monarda didyma* L.]

别名：马薄荷

科属：唇形科美国薄荷属

形态特征：多年生草本，株高100～120厘米，茎直立，四棱形，叶质薄，对生，卵形或卵状披针形，背面有柔毛，缘有锯齿。叶芳香。花朵密集于茎顶，萼细长，花冠紫红色，轮伞花序密集多花，花筒上部稍膨大，裂片略成二唇形。花期6—9月。

生长习性：喜温暖潮湿和阳光充足、雨量充沛的环境。喜肥沃、湿润的土壤。

繁殖方法：常采用分株繁殖，也可采用播种和扦插繁殖。分株一般于秋、春(休眠期)进行。扦插一般于春、夏、秋季进行，剪取一二年生充实的枝条，插入用泥炭、沙、砻糠灰等混合而成的扦插基质中，保持半阴、湿润。播种多在春、秋季进行。

栽培管理：一般春季适当修剪，于五、六月份进行一次摘心，调整植株高度，有利于形成丰满的株形和花繁叶茂。株丛过密，会影响植株生长及开花、结实，降低观赏效果。注意保持通风良好，及时疏剪去除病虫枝叶。

园林用途：株丛繁茂，花色艳丽，枝叶芳香。适宜栽植在天然花园中，或栽种于林下、水边，也可以丛植或行植在水池、溪旁作背景材料。同时，也可盆栽观赏和用于鲜切花，美化、装饰环境。

二十、宿根福禄考 [*Phlox paniculata* L.]

别名：天蓝绣球、锥花福禄考

科属：花荵科福禄考属

形态特征：多年生宿根草本花卉，株高15～20厘米，被短柔毛，成长后茎多分枝。叶互生，长椭圆形，上部叶抱茎。聚伞花序顶生，花具较细花筒，花冠浅五裂。花色有白、黄、粉色、红紫、斑纹及复色，多以粉色及粉红为常见。花期6—9月。蒴果椭圆形或近圆形，棕色。种子倒卵形或椭圆形，背面隆起，腹面平坦。

生长习性：耐寒，忌酷日，忌水涝和盐碱。在疏阴下生长最强壮，喜排水良好的沙质壤土和湿润环境。

繁殖方法：宿根福禄考可以用播种、分株以及扦插繁殖。北方地区播种冷床越冬，要注意防冻，春播则宜早，花期较秋播短，雨季多枯死。分株繁殖将母株根部萌蘖用手掰下，每3～5个芽栽在一起即可。扦插繁殖在春季将芽掰下，插入装有素沙的苗床及浅盆中，扣上塑料薄膜，置于室内阳光不直射的地方。

栽培管理：露地栽培应选背风向阳又排水良好的土地，结合整地施入厩肥或堆肥作基肥，化肥以磷酸二铵效果最好。盆栽应在每年春季新芽萌发后换一次盆，换盆时要换土。盆底可施入少量的磷酸二铵作基肥，换盆后应浇透水。生长期间要及时追肥，注意浇水，保持土壤疏松、湿润，注意调节向光性，使植株健壮、挺直。

园林用途：宿根福禄考的开花期正值夏季，可用于布置花坛、花境，也可点缀于草坪中。宿根福禄考是优良的庭园宿根花卉，也可用作盆栽或切花。

二十一、菊花 [*Dendranthema x grandiflorum*]

别名：黄花、节花、秋菊、金蕊、寿客、金英

科属：菊科菊属

形态特征：多年生草本花卉，茎直立多分枝，小枝绿色或带灰褐，被灰色柔毛。单

叶互生，有柄，边缘有缺刻状锯齿，托叶有或无，叶表有腺毛，分泌一种菊叶香气，叶形变化较大，常为识别品种依据之一。头状花序单生或数个聚生茎顶，花序边缘为舌状花，俗称“花瓣”，多为不孕花，中心为筒状花，俗称“花心”。花色丰富，有黄、白、红、紫、灰、绿等色，浓淡皆备。花期一般在10—12月，也有夏季、冬季及四季开花等不同生态型。瘦果细小褐色。

生长习性：适应性很强，喜凉，较耐寒，地下根茎耐低温极限一般为-10℃。喜充足阳光，但也稍耐荫。较耐干，最忌积涝。喜地势高燥、土层深厚、富含腐殖质、轻松肥沃而排水良好的沙壤土，在微酸性到中性的土壤中均能生长。忌连作。菊花为短日照花卉。

繁殖方法：以扦插为主，也可用播种、嫁接和分株的方法繁殖。扦插每年春季取宿根萌芽条作插穗，插时用竹扦开洞，插后浇透水，保持湿润即可。嫁接多采用黄蒿(*Artemisia annua*)和青蒿(*A. apiacea*)作砧木。黄蒿的抗性比青蒿强，生长强健，而青蒿茎较高大，最宜嫁接塔菊。每年于11—12月从野外选取健壮植株，于3—6月，多采用劈接法。播种繁殖一般用于培养新品种。菊花花后根际多蘖芽，每年11—12月或次年清明前将母株掘起，分成若干小株，适当修除基部老根，即可移栽。

栽培管理：菊花的栽培因园艺菊造型和栽培目的不同，差别很大。标本菊一株只开一朵花，又称品种菊。由于全株只开一朵花，花朵无论在色泽、瓣形及花型上都能充分表现出该品种的优良特性，因此在菊花品种展览中采用独本菊形式。大立菊一株着花可达数百朵乃至数千朵以上的巨型菊花。悬崖菊培育仿效山野中野生小菊悬垂的自然姿态，经过人工栽培而固定下来。通常选用单瓣品种及分枝多、枝条细软、开花繁密的小花品种。塔菊培育通常以黄蒿和白蒿为砧木嫁接的菊花，将花期相近、大小相同的各不同花型、花色的菊花在侧枝上分层嫁接，均匀分布。开花时，五彩缤纷，因其越往高处，花数越少，层层上升如同宝塔，故称塔菊。案头菊则实际上是一种矮化的独本菊，高仅20厘米，可置

于案头和厅堂，颇受人们喜爱。在培养过程中，需用矮壮素2%B9水溶液喷4～5次，以实现矮化。注意选择品种，宜选花大、花型丰满、叶片肥大舒展的矮形品种。

园林用途：菊花是园林应用中的重要花卉之一，广泛用于花坛、地被、盆花和切花等。

二十二、兰花 [*Cymbidium* spp.]

别名：地生兰、兰草

科属：兰科兰属

形态特征：多年生草本植物。根肉质肥大，无根毛，有共生菌。具有假鳞茎，俗称芦头，外包有叶鞘，常常与多个假鳞茎连在一起，成排同时存在。叶线形或剑形，革质，直立或下垂，花单生或成总状花序，花梗上着生多数苞片。花两性，具芳香。花冠由3枚萼片与3枚花瓣及蕊柱组成。萼片中间1枚称主瓣。下2枚为副瓣，副瓣伸展情况称户。上2枚花瓣直立，肉质较厚，先端向内卷曲，俗称捧。左右对称、唇瓣、花粉块和合蕊柱是兰科植物的基本特征。果为蒴果，三角或六角形，种子粉末状，细小。

生长习性：兰性喜阴，怕阳光直射，喜湿润，忌干燥，喜肥沃、富含大量腐殖质土壤，宜在空气流通的环境。

繁殖方法：兰花常用分株、播种及组织培养繁殖。

分株繁殖：在春秋两季均可进行，一般每隔3年分株一次。凡植株生长健壮，假球茎密集的都可分株，分株后每丛至少要保存5个连接在一起的假球茎。分株前要减少灌水，使盆土较干。分株后上盆时，先以碎瓦片覆在盆底孔上，再铺上粗石子，占盆深度1/5～1/4，再放粗粒土及少量细土，然后用富含腐殖质的沙质壤土栽植。栽植深度以将假球茎刚刚埋入土中力度，盆边缘留2厘米沿口，上铺翠云草或细石子，最后浇透水，置阴处10～15天，保持土壤潮湿，逐渐减少浇水，进行正常养护。

播种繁殖：兰花种子极细，种子内仅有一个发育不完全的胚，发芽力很低，加之种皮不易吸收水分，用常规方法播种不能萌发，故需要用兰菌或人工培养基来供给养分，才能萌发。播种最好选用尚未开裂的果实，表面用75%的酒精灭菌后，取出种子，用10%的次氯酸钠浸泡5～10分钟，取出再用无菌水冲洗3次即可，播于盛有培养基的培养瓶内，然后置暗培养室中，温度保持25℃左右，萌动后再移至光下即能形成原球茎。从播种到移植，需时半年到一年。

组织培养繁殖：主要应用于原球茎培养增殖快繁技术。我国已大量组培生产，尤其蝴蝶兰、石斛兰、大花蕙兰等应用较多。

栽培管理：场地、花盆选择。要求四周空旷，通风良好，并靠近水面，空气湿润，无煤烟污染。场地的西南面，可种常绿阔叶树，郁闭度应在0.7左右，这样可减少午后阳光照射，调节湿度与温度。兰盆比一般花盆要高，细脚粗口，排水孔多，或在盆壁另设排水孔，兰盆本身也具有观赏价值。

浇水。以雨水或泉水为宜，不宜用含盐碱的水，如用自来水，应将水搁置数天后使用。浇水要看气温情况而定，春季浇水量宜少，夏季宜多；梅雨季节正值兰花抽生叶芽，盆土宜稍干；秋后天气转凉，浇水量酌减，保持湿润即可。冬季在室内宜干，减少浇水次数，且宜于中午时浇。兰花可淋小雨，但连续下雨或暴雨则易烂心、烂叶，故需注意防雨。

施肥。栽兰宜用饼肥，以草木灰4份、豆饼10份和骨粉10份混合拌匀，放于缸内，分几次加水，使豆饼浸涨为止，后加盖密封，经1年腐熟，再制成干粒。使用时放于盆面即可。如用全粪，也应经1年腐熟，掺水冲淡滤渣使用。一般从五月开始施肥，至立秋停肥，掌握薄肥多施。施肥应在傍晚进行，第二天清晨再浇一次清水。

遮阳及防寒。除早春及冬季外，都要放在露天棚下。荫棚要求通风良好，兰花在三至四月间刚出房时，可以多晒太阳，以后蔽荫时间渐增。冬季兰花须搬入室内防寒，室温保持1～2℃即可。另外，兰花在春季出房后，秋季进房前，也要注意防霜。

总之，养兰应做到“春不出，夏不日，秋不干，冬不湿”，意思是春忌寒风侵袭，不要移出室外；夏季怕阳光直射，应放置在凉爽通风处；秋忌盆土干燥，此时正是兰花孕蕾期，应适当增加浇水量；冬季处于休眠状态，水多易烂根，以间干间湿为原则。

园林用途：兰花多盆栽以供观赏，碧叶修长，姿态素雅，开花时幽香四溢，沁人心脾，是厅室布置的佳品。

实训六 宿根花卉种类识别及应用调查

一、实训目的及要求

使学生熟悉常见宿根花卉的形态特征、生态习性并掌握它们的繁殖方法、栽培要点和具体应用。

二、实训材料与用具

钢卷尺、直尺、卡尺、铅笔、笔记本、宿根花卉20种。

三、实训方法与步骤

教师现场讲解并指导学生学习，学生课外复习。

1. 教师现场教学，讲解每种花卉的名称、科属、生态习性、繁殖方法、栽培要点及园林应用。学生做好记录。

2. 学生分组进行课外活动，复习教师讲过的内容，可结合现场拍照、上网查资料及下载图片等形式复习。

四、作业

将20种宿根花卉按种名、拉丁学名、科属及园林应用列表记录。

实训七 菊花的绑扎

一、实训目的及要求

使学生掌握独本菊和盆菊的绑扎技术。

二、实训材料与用具

独本菊、盆菊、竹条、塑料绳、细铅丝。

三、实训方法与步骤

分组进行独本菊和盆菊的绑扎。

1. 8月下旬至9月上旬，菊苗长至30厘米左右，由植株背面中央插立竹条作为支柱，并用塑料绳或细铅丝分别在菊花枝条上、中、下三个部位将竹条绑在一起，竹条需插入盆底，注意不可绑扎过紧。

2. 绑扎时尽量选择一天中菊花水分含量较少时进行，同时可随时剥去无用侧芽。

四、作业

记录操作步骤，比较绑扎过的菊花和未绑扎菊花的生长情况和株型状况并完成观察笔记。

思考与练习

1. 举例说明，宿根花卉的繁殖方法和栽培要点是什么?
2. 为什么说芍药“春分分芍药，到老不开花”？这句话的意义是什么?
3. 试述宿根花卉的特点。
4. 分别举出5种春、秋季开花的宿根花卉。

第四章　球 根 花 卉

学习目标

◆掌握球根花卉的概念及其范畴，理解球根花卉的特点

◆掌握常见球根花卉的生态习性、繁殖栽培管理技术要点

◆能识别30种常见的球根花卉，能熟练应用球根花卉，并能独立进行球根花卉的栽培繁殖

第一节　概　　述

一、定义与分类

球根花卉为多年生花卉中地下部分变态（包括根和地下茎），膨大成块状、根状、球状的这类花卉的总称。其种类丰富，花色艳丽，花期较长，栽培容易，适应性强，是园林布置中较理想的植物材料之一。

球根花卉按地下变态器官的结构，可分为鳞茎（如水仙、郁金香、百合等）、球茎（如唐菖蒲、小苍兰等）、块茎（如马蹄莲、仙客来、大岩桐等）、根茎（如大花美人蕉、荷花等）、块根（如大丽花、花毛茛等）。按栽培季节，球根花卉可分为春植球根花卉和秋植球根花卉。春植球根花卉在春季植球，夏秋开花，秋季起球，冬天休眠。如大丽花、唐菖蒲、美人蕉、晚香玉等。秋植球根花卉在秋季植球，经冬季后春季开花，夏季来临之前起球，夏季休眠。如水仙、郁金香、风信子等。

二、繁殖和栽培管理要点

球根花卉主要采用分球繁殖。可以采用分栽自然增殖球，或利用人工增殖的球。自然增殖力差的块茎类花卉主要是播种繁殖。还可依花卉种类不同，采用鳞片扦插和分株芽等方法繁殖。

一般在采收后，把自然产生的新球依球的大小分开储存，在适宜种植时间种植即可。也有个别种类需要在种植前再分开老球与新球，以防伤口感染。

园林中一般球根花卉栽培过程为：整地→施肥→栽植→生长期管理→采收→储藏。

1．整地

整地深度可为40～50厘米。在土壤中施足基肥。磷肥对球根的充实及开花极为重要，常用骨粉配合作基肥。有机肥必须充分腐熟，否则易招致球根腐烂。球根花卉对土壤要求较严，大多数球根花卉喜富含有机质的沙壤土或壤土，尤以下层土为排水好的沙砾土，而表土为深厚的沙质壤土最理想。排水差的地段，在30厘米土层下加粗沙砾以提高排水力或用抬高种植床的方法。

2. 施肥

球根花卉喜磷肥，对钾肥要求量中等，对氮肥要求较少，追肥注意肥料比例。

3. 栽植

球根栽植的深浅因种类和栽培目的而异，一般为球高的3倍左右。但晚香玉、葱兰以覆土至球根顶部为宜；而百合类中，多数种类要求深度为球高的4倍以上。球根较大或数量较少时常穴栽，球小而量多时常开沟栽植。株行距也应视植株大小。一般大丽花为60～100厘米，风信子、水仙为20～30厘米，葱兰为5～8厘米。在栽植时，还应注意分离小球，以免分散养分而开花不良。最好大、小球分开栽植。球根花卉种植初期，一般不需浇水，如果过于干旱则应浇一次透水。

4. 生长期管理

球根花卉大多根少而脆，断后不能再生新根，因此栽后于生长期间绝不可移植。其叶片大多数少或有定数，栽培中应注意保护，避免损伤。否则影响养分合成，不利于新球的生长，也影响开花和观赏。花后正值新球成熟、充实之际，为了节省养分使球长好，应剪去残花和果实。球根花卉中除大丽花等少数几种花卉，根据需要应进行除芽、剥蕾等修剪整形外，其他花卉基本不需要进行此项工作。但为生产球根栽培时，为了使地下部分的球根迅速肥大且充实，也要尽早剥蕾以节省养分。此外中耕除草时注意别损伤球根。球根花卉大多不耐水涝，应作好排水工作，尤其在雨季。花后仍需加强水肥管理。春植球根花卉，秋季掘出储藏越冬。秋植球根花卉，冬季在南方有的可以露地越冬，在北方常在冷床或保护越冬。

5. 采收

球根花卉在停止生长，进入休眠后，大部分种类的球根需要采收并进行储藏。春植球根花卉在寒地为防冬季冻害，常于秋季采收储藏越冬。秋植球根夏季休眠时，如留在土中，易因多雨湿热而腐烂。球根采收后，便于分大小、优劣，合理繁殖和培育或供布置观赏、出售等用。在新球或子球增殖较多时，如不采收分离，会因拥挤而生长不良。发育不够充实的球根，采后置于较干燥、通风条件下，能促进后熟，否则在土中易腐烂、死亡。同时，采收后可将土地翻耕，加施基肥，有利于下一季的栽培。或在球根休眠期间栽种其他花卉。因此，在大规模的专业生产中，即使采收球根的工作量较大，仍每年进行采收。在园林应用中，如地被覆盖、嵌花草坪、多年生花境及其他自然式布置时，有些适应性较强的球根花卉，可隔数年掘起和分栽一次。

采收应于生长停止，茎叶枯黄未脱落，土壤略湿润时进行。采收过早，养分尚未充

分积聚于球根中，球根不够充实；采收过晚，茎叶枯萎脱落，不易确定土中球根的位置，采收时易受损伤且子球易散失。以叶变黄1/2～2/3为采收适期。

采收时可掘起球根，除去过多的附土，并适当剪去地上部分。春植球根中的唐菖蒲、晚香玉可翻晒数天，使其充分干燥；大丽花、美人蕉等可阴干至外皮干燥，勿过干，勿使球根表面皱缩。大多数秋植球根，采收后不可置于炎日下暴晒，晾至外皮干燥即可。经晾晒或阴干的球根就可进行储藏。

6. 储藏

储藏前应剔去病残球根。数量少而又名贵的球根，病斑不大时，可用刀将病部刮去，并涂上防腐剂或草木灰等。易受病害感染者，储藏时最好混入药剂或先用硫酸铜等药液浸洗，消毒后再储藏。

储藏方法：对于通风要求不高，球根需保持一定湿度的种类，可用微湿的锯末、细沙等，将球根堆藏或埋藏起来。量少可用盆、箱储藏，量大可堆于室内地上或挖窖储藏。块根、根茎、块茎类球根花卉中许多种类需要这样储存，如美人蕉、大丽花、蕉藕、大岩桐等。无皮鳞茎，如百合类，少数有皮鳞茎，如玉帘属、雪滴花属，也要这样储存。对于要求通风良好、充分干燥的球根，可于室内设架，铺以细铁丝网、苇帘等，还可以使用网兜悬挂，置于通风处。球茎花卉一般都可采用此法，如唐菖蒲、小苍兰。鳞茎类的大多数花卉也可以这样储存，如水仙、风信子、郁金香、晚香玉、球根鸢尾等。少数块根，如花毛茛、银莲花以及块茎，如马蹄莲也需要干存。

储藏的环境条件，春植球根应保持室温4～5℃，不可低于0℃或高于10℃。秋植球根花卉于夏季储藏时，应使环境干燥和凉爽，室温在20～25℃，切忌闷热潮湿。在储藏过程中，必须防止鼠害及球根病虫害的传播，应经常检查。

第二节　常见球根花卉栽培

一、郁金香 [*Tulipa gesneriana* L.]

别名：洋荷花、草麝香

科属：百合科郁金香属

形态特征：多年生草本，株高20～80厘米，整株被白粉。鳞茎卵圆形，被棕褐色皮膜，茎光滑。叶着生基部，阔披针形或卵状披针形，通常3～5枚，全缘并为波缘。花茎顶生一花，稀有2花，花直立，花被6，抱合呈杯形、碗形、卵形、百合花形或重瓣，花瓣有全缘、锯齿、平正、皱边等变化，花有红、橙、黄、紫、白等色或复色，并有条纹，基部常黑紫色，花白天开放，夜间及阴雨天闭合。花期3—5月，视品种而异，单花开10～15天。蒴果，种子扁平。

生长习性：喜冬季温暖湿润、夏季凉爽的条件。生长开花的适温为15～20℃，花芽分化的适温为20～25℃，最高不能超过28℃。一般可耐-30℃的低温，忌酷热，夏季休眠。喜欢阳光充足和通风良好的环境，要求土壤为富含腐殖质和排水良好的沙壤土。

繁殖方法：常采用分球繁殖，若大量繁殖或育种也可采用播种法。秋季9、10月份分栽小球，母球为一年生，每年更新，即开花后干枯死亡，在旁边长出和它同样大小的新鳞茎1～3个，来年可开花。在新鳞茎的下面还能长出许多小鳞茎，秋季分离新球及子球栽种，子球需培养3—4年才能开花。新球与子球的膨大生长，常在开花后1个月的时间完成。

栽培管理：郁金香属秋植球根，可地栽和盆栽，华东及华北地区以9月下旬到10月上旬为宜，暖地可延至10月末至11月初。栽前要深耕施足基肥，栽植深度为球高的3倍，不可过深或过浅。株行距10厘米×20厘米。栽后浇水。北方寒冷地区应适当覆盖。来年早春化冻前及时将覆盖物除去同时灌水，生长期内追肥2～3次，花后应及时剪掉残花不使其结实，这样可保证地下鳞茎充分发育。入夏前茎叶开始变黄时及时挖出鳞茎，放在阴凉通风干燥的室内储藏过夏休眠，储藏期间鳞茎内进行花芽分化。需水较少，耐干旱，栽后浇足水，以喷水保持土壤湿度即可，水多鳞茎易烂。早春出芽后，应放置阳光下，以利于早开花。

园林用途：郁金香是世界著名花卉，是春季园林中的重要球根花卉，宜作花境丛植及带状布置，也可作花坛群植，同二年生草花配置。高型品种是重要切花。中型品种常盆栽或促成栽培，供冬季、早春欣赏。

二、百合 [*Lilium* spp.]

别名：强瞿、番韭、山丹、倒仙

科属：百合科百合属

形态特征：地下鳞茎，阔卵状球形或扁圆形，外无皮膜，由肥厚的鳞片抱合而成。地上茎直立，叶多互生或轮生，外形具平行叶脉。花着生茎顶端，呈总状花序，簇生或单生，花冠较大，花筒较长，呈漏斗形喇叭状，六裂无萼片，因茎秆纤细，花朵大，开放时常下垂或平伸。根据种类、品种不同，花形、花色差异较大。蒴果长椭圆形。

生长习性：喜冷凉湿润气候，耐寒性较强，耐热性较差。要求肥沃、腐殖质丰富、排水良好的微酸性土壤（pH值为6.5左右）及半阴环境。

繁殖方法：主要用分球和鳞片扦插繁殖。分球：将小球春播于苗床，经1~2年培养，达到一定大小，即可作为种球种植。鳞片扦插：取成熟健壮的老鳞茎，阴干后剥下鳞片，斜插于湿润基质中，自鳞片扦插、生根、发芽到植株开花，一般需2~3年。

栽培管理：华南温暖地区可露地栽培。华中、华东、华北等地有盆植、箱植和床植。土壤选排水、保水良好的黏质土壤最好，pH值为6.5左右最好。定植后盆或箱尽可能置于凉爽处管理，床植也要遮光。高温时期要覆盖稻草防止干燥，同时注意通风，使幼苗生长健壮。

园林用途：百合花姿雅致，青翠娟秀，花茎挺拔，是点缀庭园与切花的名贵花卉。适合布置专类园，可于疏林、空地片植或丛植，也可作花坛中心或背景材料。

三、风信子 [*Hyacinthus orientalis* L.]

别名：洋水仙、西洋水仙、五色水仙、时样锦

科属：百合科风信子属

形态特征：鳞茎球形或扁球形，外被皮膜具光泽，颜色常与花色有关，呈紫蓝色、粉红或白色等。叶基生，肥厚，带状披针形，具浅纵沟。花莛中空，顶端着生总状花序；小花密生上部，多横向生长，少有下垂。花冠漏斗状，基部花筒较长，裂片5枚。向外侧下方反卷。花期早春，花色有白、黄、红、蓝、雪青等。

生长习性：喜凉爽、空气湿润、阳光充足的环境。要求排水良好的沙质土，低湿黏重土壤生长极差。较耐寒，在我国长江流域冬季不需防寒保护。

繁殖方法：以分球繁殖为主，夏季地上部枯死后，挖出鳞茎，将大球和子球分开，储于通风的地方，大球秋植后第二年春季可开花，子球需培养3年后才开花。播种繁殖多在培育新品种时使用，秋季将种子播于冷床中，培养土与沙混合或轻质壤土，种子播后覆土1厘米，第二年1月底至2月初萌芽，入夏前长成小鳞芽，4~5年可开花。

栽培管理：秋季栽种，不宜种得太迟，否则发育不良。选择土层深厚，排水良好的沙质壤土，挖穴栽入球根，上面覆土，冬季寒冷的地区，地面还要覆草防冻，长江流域以南温暖地区可自然越冬。花后须将花茎剪除，勿使结籽，以利于养球。栽培后期应节制肥水，避免鳞茎腐烂。鳞茎不宜留在土中越夏，每年必须挖出储藏，储藏环境必须干燥凉爽，将鳞茎分层摊放以利通风。

园林用途：风信子为著名的秋植球根花卉，株丛低矮，花丛紧密而繁茂，最适合布置早春花坛、花境、林缘，也可盆栽、水养或做切花观赏。

四、葡萄风信子 [*Muscari botryoides* Mill]

别名：蓝壶花、葡萄水仙、蓝瓶花

科属：百合科蓝壶花属

形态特征：多年生草本，鳞茎卵状球形，皮膜白色。叶基生，线形，稍肉质，暗绿

色，边缘常向内卷。花梃自叶丛中抽出，总状花序顶生，小花密生而下垂，碧蓝色；花被片联合呈壶状或坛状。花期3—5月份。

生长习性：耐寒，喜深厚、肥沃、排水良好的沙质土壤，耐半阴环境。

繁殖方法：一般采用播种或分植小鳞茎繁殖。种子采收后，可在秋季露地直播，次年四月发芽，实生苗3年后开花。分植鳞茎可于夏季叶片枯萎后进行，秋季生根，入冬前长出叶片。

栽培管理：栽培时可选用国外进口鳞茎于秋冬栽培，土质以腐叶土或沙壤土为佳，栽植后保持培土湿度，待长出叶片后，可施用氮、磷、钾稀释液促进发育。待春季花芽长出，移至日照60%～70%处，使花茎迅速伸长。葡萄风信子适应性强，栽培管理容易，随时可移植。8月底将鳞茎放入6～8℃的冰柜内冷藏50天，然后取出放置在冷室通风处，12月初用种菊花的花盆栽植，每盆放8～12个种球。在15～25℃养护，元旦、春节便能开花。

园林用途：葡萄风信子株丛低矮，花色明丽，花期长，绿叶期也较长，是园林绿化优良的地被植物。常作疏林下的地面覆盖或用于花境、草坪的成片、成带与镶边种植，也用于岩石园作点缀丛植，家庭花卉盆栽也有良好的观赏效果。

五、卷丹 [*Lilium lancifolium* Thunb.]

别名：虎皮百合、倒垂莲、药百合、黄百合、宜兴百合

科属：百合科百合属

形态特征：鳞茎近宽球形，鳞片宽卵形。茎带紫色条纹，具白色绵毛。叶散生，矩圆状披针形或披针形，两面近无毛，先端有白毛，边缘有乳头状突起，上部叶腋有珠芽。花3～6朵或更多，苞片叶状，卵状披针形，花梗长6.5～9厘米，紫色，有白色绵毛；花下垂，花被片披针形，反卷，橙红色，有紫黑色斑点。蒴果狭长卵形。花期7—8月份，

果期9—10月份。

生长习性：喜温暖稍带冷凉而干燥的气候，耐阴性较强。耐寒，生长发育温度以15～25℃为宜。能耐干旱。最忌酷热和雨水过多。为长日照植物，生长前期和中期喜光照。宜选向阳、土层深厚、疏松肥沃、排水良好的沙质土壤栽培，低湿地不宜种植。

繁殖方法：无性繁殖和有性繁殖均可。秋季采挖鳞茎，剥取里层鳞片，选肥大者在1∶500的克菌丹水溶液中浸30分钟，取出，阴干，基部向下插入苗床内，第二年9月挖出，按行株距15厘米×6厘米移栽，经2—3年培育可收获。小鳞茎繁殖在采收时，将小鳞茎按行株距15厘米×6厘米播种，经两年培育可收获。珠芽繁殖则夏季采收珠芽，用湿沙混合储藏于阴凉通风处，当年8、9月份播于苗床上，第二年秋季地上部枯萎后，挖取鳞茎，按行株距20厘米×10厘米播种，到第三年秋采收，较小者再培育1年。

栽培管理：苗出齐后和五月间，各中耕除草一次，同时追肥、培土，用人畜粪水、油饼、草木灰、过磷酸钙等混合施用。也可用0.2%磷酸二氢钾进行叶面追肥。5月下旬要去顶，并打珠芽，6、7月份孕蕾期间，应及时摘除花茎。夏季高温多雨季节，要注意排水。

园林用途：卷丹花形奇特，摇曳多姿，不仅适于园林中花坛、花境及庭园栽植，也是切花和盆栽的良好材料。

六、大花葱 [*Allium giganteum* Regel]

别名：巨葱、高葱、硕葱

科属：百合科葱属

形态特征：多年生草本植物，鳞茎具白色膜质外皮，基生叶宽带形，伞形花序径约15厘米，有小花2 000～3 000朵，红色或紫红色。花期春、夏季。

生长习性：喜凉爽、半阴，适温15～25℃。要求疏松、肥沃的沙壤土，忌积水，适合我国北方地区栽培。

繁殖方法：常用种子和分株繁殖。种子繁殖，9、10月份秋播，翌年3月份发芽出苗。夏季上部枯萎，形成小鳞茎，播种苗约需栽培5年才能开花。分株繁殖，9月中旬将主鳞茎周围的子鳞茎剥下种植。

栽培管理：选择地下水位低、排水良好、疏松、肥沃的沙壤土作栽培地。生长期及时松土浇水。如花后不采种，可剪去花茎以集中营养供鳞茎生长。鳞茎在排水不良的情况下易腐烂，应挖起鳞茎放室内通风处保存。空气干燥的地方适量人工喷雾或遮阳。

园林用途：花色艳丽，花形奇特，管理简便，很少病虫害，是花境、岩石园或草坪旁装饰和美化的品种。

七、葱兰 [*Zephyranthes candida*（Lindl.）Herb.]

别名：葱莲、玉帘、白花菖蒲莲、韭菜莲、肝风草

科属：石蒜科葱莲属

形态特征：多年生常绿草本植物。有皮鳞茎卵形，略似晚香玉或独头蒜的鳞茎，直径较小，有明显的长颈。叶基生，肉质线形，暗绿色。株高30～40厘米，花莛较短，中空。花单生，花被6片，白色、红色、黄色，长椭圆形至披针形；花冠直径4～5厘米。花期7—9月份。蒴果近球形。

生长习性：喜阳光，也能耐半阴。耐寒力强，长江流域以南均可露地越冬。要求排水良好、肥沃的沙壤土。

繁殖方法：以分株和播种为主，但要达到春季栽种下半年开花，分栽鳞茎把握最大。葱兰极易自然分球，分株繁殖容易，黄淮地区栽培需注意冬季应适当防寒。播种在九月中下旬以后进行秋播为宜。

栽培管理：生长期间应保持土壤湿润，盛花期间如发现黄叶及残花，应及时剪掉清除，以保持美观及避免消耗更多的养分。盆栽宜选疏松、肥沃、排水畅通的培养土，可用腐叶土或泥炭土、园土、河沙混匀配制。生长期间浇水要充足，宜经常保持盆土湿润，但不能积水。天气干旱还要经常向叶面上喷水，以增加空气湿度，否则叶尖易黄枯。北方盛夏日照强度大，应放在疏荫下养护，否则会生长不良，影响开花。冬季入室后如能保持一定温度，仍可继续生长和开花。

园林用途：适合花坛边缘材料和阴地的地被植物，也可盆栽和瓶插水养。

八、石蒜 [*Lycoris radiata*（L’ Her.）Herb.]

别名：蟑螂花、老鸦蒜、龙爪花、地仙

科属：石蒜科石蒜属

形态特征：多年生草本，地下部分具鳞茎，球形，外被皮膜。叶基生，带状或线形，先于或后于花抽生，待夏秋季节叶丛枯凋时，花梃抽出并迅速生长而开花。花梃实心，顶生伞形花序，侧向开放，花冠漏斗状或上部开张反卷。花色有白、粉、红、黄、橙等。

生长习性：适应性强，较耐寒，喜湿润、排水良好的环境，对土壤要求不严，但富含腐殖质和阴湿而排水良好的土壤生长健壮。

繁殖方法：用分球、播种、鳞块基底切割和组织培养等方法繁殖，以分球法为主。在休眠期或开花后将植株挖起来，将母球附近附生的子球取下种植，一两年便可开花。播种法：一般只用于杂交育种。由于种子无休眠性，采种后应立即播种，20℃下15天后可见胚根露出。

栽培管理：栽培地要求地势高且排水良好，否则应作成高畦深沟，以防涝害。做切花的，在花蕾含苞待放前追施水、肥。采花之后继续供水供肥，但要减施氮肥，增施磷、钾肥，使鳞茎健壮充实。秋后应停肥、停水，使其逐步休眠。

园林用途：适宜作为林下地被植物，也可花境丛植或溪间石旁自然式布置。

九、晚香玉 [*Polianthes tuberose* L.]

别名：夜来香、月下香

科属：石蒜科晚香玉属

形态特征：多年生草本，地下部分具圆锥状的鳞块茎（上部呈鳞茎状，下部呈块茎状）。叶基生，带状披针形，茎生叶较短。穗状花序顶生，小花成对着生；花白色漏斗状，筒部细长，具浓香，夜间更浓。花期7—11月份。蒴果球形。

生长习性：喜温暖湿润、阳光充足的环境，生长适温25～30℃，生长最低温度2℃以上。花芽分化于春末夏初进行，此时要求最低温度20℃左右。对土壤要求不严，喜黏质壤土；对土壤含水量反应敏感，喜肥沃、潮湿而不积水的土壤。

繁殖方法：多采用分球繁殖，春季分球。种球先在25～30℃下经过10～15天湿处理后再栽植。大子球当年就可开花，供切花生产用的大子球直径宜在2.5厘米以上。小子球经培养1~2年可长成开花大球。

栽培管理：植球深度较其他球根为浅，大球以芽顶稍露出土面为宜，小球和老球芽顶应低于土面。栽植初期因苗小叶少，水不必太多；待花莛即将抽出时，给以充足水分和追肥；花莛抽出才可追施较浓液肥。夏季特别要注意浇水，经常保持土壤湿润。地上部分枯萎后，在江南地区常用树叶或干草等覆盖防冻，就在露地越冬。

园林用途：晚香玉是重要的切花材料，适宜于在庭园中布置花坛或丛植、散植于道路两旁及草坪花灌丛间。

十、朱顶红 [*Hippeastrum vittatum* Herb.]

别名：百枝莲、孤挺花、花胄兰、对红

科属：石蒜科朱顶红属

形态特征：多年生草本，地下鳞茎球形。叶二列状着生，带状，略肉质，与花同时或花后抽出。花莛粗壮，直立而中空，自叶丛外侧抽生，高于叶丛，顶端着花，两两对生略呈伞状。花漏斗状，略平伸而下垂，花色有红、粉、白、红色具白色条纹等；夏季开花。蒴果近球形。种子扁平，黑色。

生长习性：喜温暖，生长适温18～25℃，冬季休眠期要求冷凉干燥，适合5～10℃的温度。喜阳光，但光线不宜过强。喜湿润，但畏涝。喜肥，要求富含有机质的沙质壤土。

繁殖方法：常用的有实生播种、分球、鳞茎切割、鳞片扦插及微体繁殖等。实生繁殖需进行人工辅助授粉，种子成熟后随采随播。分球繁殖比较普遍，于秋季将大球周围着生的小鳞茎剥下分栽。鳞片扦插，切割双鳞片或三鳞片扦插。微体繁殖，可采用花梗、子房和鳞片，可产生不定芽形成新植株。

栽培管理：朱顶红栽植时顶端要露出1/4～1/3，放在温暖、阳光充足之处，少浇水，仅保持盆土湿润即可。发芽长出叶片后，逐渐见阳光，花箭形成时，施2次1%磷酸二氢钾，谢花后每20天施饼肥水一次，促使鳞茎肥大。10月下旬入室越冬，可挖出鳞茎储藏，也可直接保留在盆内，少浇水，保持球根不枯萎即可。露地栽培的略加覆土就可安全越冬。

园林用途：朱顶红花大、色艳，栽培容易，常作盆栽观赏或作切花，也可露地布置花坛。

十一、仙客来 [*Cyclamen persicum* Mill]

别名：萝卜海棠、兔耳花、兔子花、一品冠

科属：报春花科仙客来属

形态特征：多年生草本，具球形或扁球形块茎，肉质，外被木栓质，球底生出许多纤细根。叶着生在块茎顶端的中心部，心状卵圆形，叶缘具牙状齿，叶表面深绿色，多数有灰白色或浅绿色斑块，背面紫红色。叶柄红褐色，肉质，细长。花单生，由块茎顶端抽出，花瓣蕾期先端下垂，开花时向上翻卷扭曲，状如兔耳。萼片5裂，花瓣5枚，基部联合成筒状，花色有白、粉红、红、紫红、橙红、洋红等。花期12月至翌年5月份，但以2、3月份开花最盛。蒴果球形，果熟期4—6月份，成熟后五瓣开裂，种子黄褐色。

生长习性：喜凉爽、湿润及阳光充足的环境。生长适温18～20℃，冬季室温不宜低于10℃，气温达到30℃，植株进入休眠。喜排水良好、肥沃的沙质壤土，相对湿度要求70%左右，土壤宜微酸性。

繁殖方法：不能自然分生子球，一般用播种繁殖。播种于9、10月份进行。播前先用30℃温水浸种2～3小时催芽，然后点播在浅盆或浅箱中，发芽后置于向阳通风处。结实不良的仙客来品种，可采用分割块茎法繁殖，在8月下旬块茎即将萌动时，将其自顶部纵切分成几块，每块带一个芽眼。切口应涂抹草木灰。稍微晾晒后即可分栽于花盆内，不久可展叶开花。

栽培管理：生长期间，夏季要通风，遮阴降温，高温季节浇水不要浇到叶面上。仙客来越夏困难，必须采取一定措施。将盆移到荫棚下或通风凉爽的地方养护，控制水肥，保持球茎湿润不至于干枯，但水不宜过大，以免引起腐烂。在盆周围的地面洒水，以降低温度。待高温期过去再正常施肥灌水。

园林用途：仙客来花型奇特，株形优美，花色艳丽，花期长，花期又正值春节前后，可盆栽，用以节日布置或作家庭点缀装饰，也可做切花。

十二、球根秋海棠 [*Begonia tuberhybrida* Voss.]

别名：茶花海棠

科属：秋海棠科秋海棠属

形态特征：多年生草本，地下具块茎，呈不规则的扁球形。茎直立或铺散，有分枝，肉质，有毛。叶互生，多偏心脏状卵形，尾渐尖，缘具齿牙和缘毛。总花梗腋生，花雌雄同株，雄花大而美丽，具单瓣、半重瓣和重瓣，雌花小型，5瓣。花色有白、淡红、红、紫红、橙、黄及复色等。

生长习性：阳性，生长期需充足的阳光，但夏季中午忌强烈的日光照射，喜温暖、湿润的环境，要求空气湿度较高，水分充足。生长适温为16～21℃，冬季温度应维持在10℃左右，夏季温度不应过高，若超过32℃则茎叶枯落，甚至引起块茎腐烂。块茎储藏温度以5～10℃为宜。土壤以腐叶土为佳，适宜生长在pH值为5.5～6.5的微酸性土壤中。

繁殖方法：播种繁殖在温室内周年都可进行，但以秋季或一至四月间于温室内进行为最多。播后需保持湿度，并置于半阴处。分球繁殖于春季或初夏进行（春季栽植仲夏开花，初夏栽植秋季开花）。扦插繁殖于春末夏初进行，从优良块茎顶端切取带茎叶的芽作

插穗，约3周后愈合生根，2个月后上盆。

栽培管理：栽植时深度不能过深，使球根顶端露出土面。春季要求水分充足，开花后应减少浇水。夏季的连续高温对其生长不利，要选择凉爽通风的场所，精心管理。常发生茎腐病和根腐病，应适当控制室温与浇水，并喷施25%多菌灵250倍液进行预防，并拔除病株焚烧。夏季高温，需注意通风，否则易发生白粉病。

园林用途：球根海棠花大色艳，花色多，花期长，可做大型盆栽，适合花园布置或做窗台盆花，室内布置尤显富丽堂皇。

十三、大岩桐 [*Sinningia speciosa* Benth.]

别名：落雪泥

科属：苦苣苔科大岩桐属

形态特征：多年生草本，地下部分具有块茎，初为圆形，后为扁圆形，中部下凹。地上茎极短，全株密被白色绒毛。叶对生，卵圆形或长椭圆形，肥厚而大，有锯齿，叶背稍带红色。花顶生或腋生，花冠钟状，5～6浅裂，花色有粉红、红、紫蓝、白、复色等，花期4—11月份，夏季盛花。蒴果，花后1个月种子成熟，种子极细，褐色。

生长习性：性喜温暖、潮湿、半阴的环境。忌阳光直射，喜肥。生长适温22～24℃，冬季休眠期温度要求10～12℃，并保持干燥，如温度过低，湿度过大，块茎易腐烂。

繁殖方法：大岩桐主要采用播种和扦插法繁殖。播种可于春秋两季进行，盆播，播后不覆土，浸盆法灌水，上盖玻璃。扦插可用叶插。取健壮叶片，留叶柄少许，修平，将叶片剪去一部分，斜插于温室沙床，保持高温高湿，适当遮阴。

栽培管理：块茎经冬季休眠后，3月上旬开始萌芽，要及时换土换盆，每个块茎留1个健壮芽，加强肥水管理，每10天施稀薄液肥一次。花芽分化形成时，增施磷肥，每年春季和夏季开两次花。夏末花后，大岩桐仍可留盆内或取出沙藏。盆内停止浇水，经过冬季休眠，又可萌芽开花。

园林用途：摆设于窗台、桌几之上，作室内布置点缀之用，别具风味。

十四、水仙（中国水仙）[*Narcissus tazetta* L.var.Chinensis]

别名：金盏银台、天葱、雅蒜、凌波仙子

科属：石蒜科水仙属

形态特征：鳞茎卵圆形。叶丛生于鳞茎顶端，狭长，扁平，先端钝，全缘，粉绿色。花茎直立，不分枝，略高于叶片。伞形花序，花被6片，高脚碟状花冠，芳香，白色，副冠黄色，杯状。花期1、2月份。

生长习性：适于冬季温暖，夏季凉爽，在生长期有充足阳光的气候环境。但多数种类也耐寒，在我国华北地区不需保护即可露地越冬。对土壤要求不严，但以土层深厚、肥沃、湿润而排水良好的黏质土壤最好。水仙耐湿，生长期需水量大，耐肥。

繁殖方法：以分球繁殖为主，将母株自然分生的小鳞茎分离下来作种球，另行栽植培养。为培育新品种可采用播种繁殖，种子成熟后于秋季播种，翌春出苗，待夏季叶片枯黄后挖出小球，秋季再栽植。另外也可用组织培养法获得大量种苗和无菌球。

栽培管理：生产栽培有旱地栽培法与灌水栽培法两种。上海崇明采用旱地栽培法。选背风向阳的地方在立秋后施足基肥，深耕耙平后做出高垄，在垄上开沟种植。生长期追施1～2次液肥，养护管理粗放。夏季叶片枯黄后将球茎挖出，储藏于通风阴凉处。福建漳州采用灌水栽培法。9月下旬至10月上旬先在深耕后的田面上做出高40厘米、宽120厘米的高畦。多施基肥，畦四周挖深30厘米的灌水沟。一年生小鳞茎可用撒播法，2～3年生鳞茎用开沟条植法。

漳州水仙主要是培养大球，上市销售用竹篓包装，一篓装进20只球的，为20庄，另

外还有30庄、40庄和50庄。

室内观赏栽培常用水养法，多于十月下旬选大而饱满的鳞茎，将水仙球的外皮和干枯的根去掉。先将鳞茎放入清水中浸泡一夜，洗去黏液，然后用小石子固定，水养于浅盆中，置于阳光充足，每隔1～2天换清水一次。开花后最好放在室温10～12℃地方，花期可延长半个月，如果室温超过20℃，水仙花开放时间会缩短，而且叶片会徒长，倒伏。

水仙鳞茎球经雕刻等艺术加工，可产生各种生动的造型，提高观赏价值，并能使开花期提早。雕刻形式多样，基本分为笔架水仙及蟹爪水仙两种。不管是笔架水仙还是蟹爪水仙刻伤后，均需浸水1～2天。将其黏液浸泡干净，以免凝固在球体上，使球变黑、腐烂。然后进行水养。

园林用途：布置花坛、花境，也适宜在疏林下、草坪中成丛、成片种植，也可家庭盆栽水养。

实训八　球根花卉市场调查

一、实训目的及要求

使学生了解花卉市场营销形式，熟悉花卉市场售卖球根花卉的概况。

二、实训材料与用具

数码相机、笔记本、笔。

三、实训调查内容

1. 调查花卉市场营销项目及球根花卉分区。
2. 调查常见球根花卉价格和营销特点。
3. 总结所调查球根花卉市场的特点。

四、作业

你所调查的球根花卉市场营销在经营上有哪些优缺点？缺点应如何改进？

实训九　水仙雕刻与水养

一、实训目的及要求

使学生掌握水仙雕刻的各种艺术造型，并能按造型进行水养。

二、实训材料与用具

雕刻刀、浅盆、鹅卵石、湿巾、小喷雾器、水仙球、消毒液。

三、实训方法与步骤

每人自选一个水仙球，设计雕刻内容及水养方法。

1. 选合适水仙头，剥去外皮膜，剥去枯根，确定花芽和叶芽位置，在其平行某一面下半部向上斜切，直到看见花芽和叶芽，对叶或花梗进行刻伤，不能碰破花蕾，雕刻完用清水浸泡、消毒，再敷上湿布于雕刻伤口上。

2. 在浅盆中放入一层鹅卵石，将水仙球未雕面及根系浸水中，水位到整个球的1/3～1/2，每天换清水一次，平时向叶面喷水。

四、作业

设计水仙的雕刻造型，列出水养计划，调查设计与现实造型的差异。

思考与练习

1. 球根花卉与宿根花卉的区别在哪里?
2. 简述郁金香栽培技术要点。
3. 简述百合的繁殖栽培技术要点。
4. 分别列举出5种春植、秋植球根花卉。
5. 水仙“凌波仙子”的美称是怎样来的?

第五章　水 生 花 卉

学习目标

◆掌握水生花卉的概念及其生长特点

◆掌握常见水生花卉的生态习性、繁殖栽培管理技术要点

◆能识别常见水生花卉，并能应用于各种园林水景，进行造景

第一节　概　　述

一、定义与分类

水生花卉是指常年生长在水中或沼泽地中的草本类观赏植物，大多为多年生草本。水生花卉由于长期生活在水环境之中，所以形成了与水环境相适应的一些形态结构，如具有发达的通气组织，可以储藏大量空气，如莲藕的叶柄和藕中有很多孔眼，形成了四通八达的通气管道，从而保证了植株在水中的正常呼吸和新陈代谢，同时也增加了在水中的浮力，保持了植株的平衡。同时，因长期生活在水中，它的表皮一般都很薄，可以直接从水中吸收水分和养分；根系也常常不发达，不像陆生植物那样主要在于吸收水分和养分，而主要是作为固定之用。

广义的水生花卉包括所有沼生、沉水或漂浮的观赏植物。一般常根据水生花卉的生活方式和形态特征，分为挺水型、浮叶型、漂浮型和沉水型水生花卉。挺水型水生花卉（包括湿生、沼生花卉）植株高大，花色艳丽，绝大多数有茎、叶之分；根或地下茎扎入泥中生长发育，上部植株挺出水面，如荷花、千屈菜、香蒲、慈姑、梭鱼草、再力花（水竹芋）等。浮叶型水生花卉根状茎发达，花大，色艳，无明显的地上茎或茎细弱不能直立，而它们的体内通常储藏有大量的气体，使叶片或植株漂浮于水面，如睡莲、萍蓬草、荇菜等。漂浮型水生花卉根不生于泥中，植株漂浮于水面之上，随水漂流，如大薸、凤眼莲、水鳖等。沉水型水生花卉根茎生于泥中，整个植株沉入水体之中，通气组织发达，如金鱼藻、苦草、菹草之类。

二、栽培管理要点

水生花卉因其对温度的要求不同，而采取相应的栽植和管理措施。如王莲原产于热带，除了广东等部分地区外，都需要在温室中栽培、观赏。一些半耐寒、耐寒性水生花卉如荷花、睡莲、千屈菜、水葱、香蒲等，大多可直接栽植于园林水景之中。栽培水生花卉应选择具有一定深度、比较肥沃的塘泥的池塘，因为一旦定植，追肥就比较困难。因此，需在栽植前施足基肥，对于新开挖的池塘则必须在栽植前加入塘泥并施入大量的有机肥料，以保证其今后生长发育所需的肥力。为了防止水生花卉生长过密，以免覆满水面，影响观赏效果，常在水池建造时，在适宜的水深处砌筑种植池，再在种植池内加入腐殖质多的培养土。在中国古典园林中则常在池底埋入水缸，再在水缸内种植荷花、睡莲等水生花卉。对于盆栽水生花卉，应选择富含腐殖质的黏土作为底土，施肥以追肥的形式，施以化学肥料来代替有机肥，以避免污染水质。

大多数水生植物的生长发育都需要充足的日照，尤其是生长期，即每年四至十月之间，如阳光照射不足，会发生叶小而薄、不开花等现象。水生花卉的管理一般比较简单，栽植后除了日常管理工作之外，要注意及时清除水中杂草和垃圾，如出现池底或池水污浊现象严重，应换水或彻底清理。如果同一水池内，配植有多种水生植物，对于繁殖快速的种类应定时疏除。因植株过分拥挤，叶面过大或互相遮盖时，必须进行分株，一般过3～4年时间分一次株。水生花卉有多种病虫为害，如大蓑蛾会在幼虫期危害水生花卉的叶及花蕾、嫩茎干等，可用90%的敌百虫800～1 000倍液喷杀，或90%的敌百虫1 500～2 000倍加青虫菌800倍液喷杀。水生花卉在生长发育过程中，常有叶斑病等危害，可用65%的代森锌可湿性粉剂500倍液或百菌清可湿性粉剂800倍液喷洒。

第二节　挺水型花卉栽培

一、荷花 [*Nelumbo nucifera gaertn*]

别名：莲花、水芙蓉

科属：睡莲科莲属

形态特征：多年生草本植物，根茎（藕）肥大，多节，横生在水底的淤泥中。叶子盾状圆形，表面深绿色，有蜡质白粉，全缘并且呈波状。叶柄圆柱形，上面密生着倒刺。花单生在花梗的顶端，高托在水面之上，每天早晨开晚上闭合，花期6—9月份。花托膨大，即莲蓬，小坚果称为莲子，果熟期9—10月份。

生长习性：荷花原产亚洲热带地区，分布很广，北至黑龙江，南到海南，均有生长。喜欢水湿，怕干，喜欢相对稳定的静水，不爱涨落悬殊的流水。

繁殖方法：常用播种和分藕的繁殖方式。

栽培管理：荷花栽培以微酸性（pH值为6.5）而富含有机质的肥沃黏土为宜，水深在30～120厘米为好。如果在缸、盆中栽种，只要保持浅水即可，一般不施追肥。

园林用途：荷花有“出淤泥而不染”的高洁形象，适合种在园林中较大的湖泊或水塘之中，也可以用水缸等栽种观赏。莲因谐音廉（洁）、连（生）等，民间常有“一品清廉（莲）”“连（莲）生贵子”“连（莲）年有余（鱼）”等吉祥图案。

二、千屈菜 [*Lythrum salicaria* L.]

别名：水枝柳、水柳

科属：千屈菜科千屈菜属

形态特征：多年生挺水植物，株高达1米以上。地下根茎粗硬，木质化，地上茎直立，四棱形。单叶对生或3叶轮生，披针形，全缘。长穗状花序顶生，小花密集，紫红色。花期7—9月份。蒴果椭圆形，果熟期9—10月份。

生长习性：分布于亚洲、欧洲、非洲的阿尔及利亚、北美和澳大利亚东南部。喜强光和潮湿以及通风良好的环境。通常在浅水中生长良好。耐寒性强。

繁殖方法：可用播种、扦插和分株等方法繁殖。

栽培管理：选择光照充足、通风良好的湿生环境种植，管理粗放，生长期要及时拔除杂草，保持水面清洁。

园林用途：株丛整齐清秀，花色淡雅，花期长。宜水边丛植或水池栽植，也可用于花境背景材料和盆栽观赏。

三、梭鱼草 [*Pontederia cordata* L.]

别名：北美梭鱼草

科属：雨久花科梭鱼草属

形态特征：多年生挺水或湿生草本植物，株高80～150厘米。叶柄绿色，圆筒形，叶片较大、多变。穗状花序顶生，长5～20厘米，小花密集在200朵以上，蓝紫色带黄斑点。果实初期绿色，成熟后褐色；果皮坚硬，种子椭圆形，直径1～2毫米。花果期5—10月份。

生长习性：原产北美。喜温，喜阳，喜肥，喜湿，怕风不耐寒，静水及水流缓慢的水域中均可生长，适宜在20厘米以下的浅水中生长，18℃以下生长缓慢，10℃以下停止生长。

繁殖方法：常用分株和播种的繁殖方式。分株可在春夏两季进行，自植株基部切开即可，种子繁殖一般在春季进行，种子发芽温度需保持在25℃左右。

栽培管理：适温15～30℃，越冬温度不宜低于5℃，梭鱼草生长迅速，繁殖能力强，条件适宜的前提下，可在短时间内覆盖大片水域。

园林用途：适于家庭盆栽、池栽，也可广泛用于园林美化，栽植于河道两侧、池塘四周、人工湿地，与千屈菜、花叶芦竹、水葱、再力花等相间种植，每到花开时节，串串紫花在片片绿叶的映衬下，别有一番情趣。

四、芦苇 [*Phragmites australis (Cav.)Trin. ex Steud*]

科属：禾本科芦苇属

形态特征：多年生草本植物，具粗长的匍匐茎，秆高1～3米，中空，节下有白粉，无分枝。叶鞘圆筒形，叶舌有毛，叶片长线形或长披针形，叶长15～45厘米。圆锥花序顶生。花期8—10月份。颖果，披针形，顶端有宿存花柱，10—11月份成熟。

另有一种花叶芦竹（Arundo donax L.var. versicolor kunth），秆常具分枝。叶片具有乳白或金黄色的美丽条纹，富于变化。

芦　苇

花叶芦竹

生长习性：世界各地均有生长，广布于我国各地。生长于浅水中或低湿的地方，常形成苇塘。耐涝，耐热，耐寒，生命力强，生长速度快。

繁殖方法：以根茎分株法繁殖为主。

栽培管理：芦苇适应性强，管理粗放。冬春之季，将老秆齐地刈除，待春天重新萌发。

园林用途：种在公园的湖边，或在湿地或浅水中栽培，开花季节特别美观。

五、香蒲 [*Typha orientalis C.Presl*]

别名：东方香蒲、水烛

科属：香蒲科香蒲属

形态特征：多年生水生或沼生草本，根状茎乳白色，地上茎粗壮，向上渐细，高1.5～3.5米。叶片条形，光滑无毛，上部扁平，下部腹面微凹，背面逐渐隆起呈凸形，横切面呈半圆形。肉穗状花序排列成圆筒形，顶生，红褐色，呈蜡烛状，故又称水烛。花期5—7月份。小坚果椭圆形至长椭圆形，果皮具长形褐色斑点。种子褐色，微弯，8—10月份成熟。

生长习性： 广泛分布于全国各地。常生于池塘、河滩潮湿之地。喜温暖湿润气候及潮湿环境，对土壤要求不严，以含丰富有机质的塘泥最好，较耐寒。

繁殖方法：常用分株繁殖方式。可在初春把老株挖起，用快刀切成若干丛，每丛带若干个小芽作为繁殖材料。

栽培管理：以选择向阳、肥沃的池塘边或浅水处栽培为宜。栽后应注意浅水养护，避免淹水过深和失水干旱，经常清除杂草，适时追肥。有黑斑病危害叶片，可喷施75%的百菌清600～800倍液防治。

园林用途：香蒲叶绿穗奇，适于点缀园林水池、湖畔，构筑水景。也可盆栽，为常见的观叶植物。其花序则是重要的花艺材料，常被染成各种颜色。

六、藨草 [*Scirpus triqueter* L.]

别名：野荸荠、光棍草

科属：莎草科藨草属

形态特征：多年生水生植物，匍匐根茎细长。秆散生，高20～100厘米，三棱形，较粗壮，先端叶鞘有叶片。叶片扁平，叶背有白粉，缘有小锯齿。聚伞花序假侧生，有1～8个簇生小穗。小坚果卵形，花果期6—9月份。

生长习性：除广东、海南外，各地均有分布。喜生于潮湿多水之地，常于沟边、塘边、山谷溪畔或沼泽地。喜温暖、湿润和半阴环境。耐寒，喜水湿，怕干旱，耐阴。生长适温13～19℃，冬季温度不低于7℃，其地下部可耐－15℃低温。

繁殖方法：用种子繁殖或地下茎繁殖。三四月份播种，用细沙或土覆盖种子，20天左右即可发芽生根。地下茎繁殖在清明节前后，将地下茎切成若干块丛，进行栽种即可。

栽培管理：在水景区适当的位置进行挖穴栽植，株行距30厘米左右，当年即可旺盛生长连成片。盆栽则选用无泄漏的水盆，保持25℃左右温度及浅水即可。

园林用途：藨草挺拔直立，色泽光雅洁净，主要用于水体近岸边或浅水区绿化或岸边、池旁点缀，或成片种植，颇为美观。也可盆栽庭园摆放或沉入小水景中作观赏用。

七、再力花 [*Thalia dealbata Fraser*]

别名：水竹芋、水莲蕉、塔利亚

科属：竹芋科塔利亚属

形态特征：多年生水生植物，全株附有白粉。叶卵状披针形。花期夏季，复总状花序，花小，紫堇色，花柄长，可高达2米以上。

生长习性：原产于美国南部和墨西哥的热带植物。喜温暖、水湿、阳光充足的气候环境，不耐寒，入冬后地上部分逐渐枯死。以根茎在泥中越冬。在微碱性的土壤中生长良好。

繁殖方法：以根茎分株繁殖为主。早春从母株割下1～2个芽的根茎，种在盆中，施足底肥，放进水池养护，待长出新株，再移植于水池中生长。

栽培管理：其生长适温在20～30℃，低于10℃即停止生长。能在微碱性的土壤中生长，栽植时一般每丛10芽、每平方米1～2丛，定植前施足底肥。

园林用途：再力花株形美观洒脱，叶色翠绿，形似芭蕉，花序高出叶面，亭亭玉立，蓝紫色的花朵素雅别致，是水景绿化的上品花卉，有“水上天堂鸟”的美誉。可成片种植或点缀于水池或湿地，形成独特的水体景观。也可盆栽观赏或种植于庭园水体景观中。

八、慈姑 [*Sagittaria trifolia Linn.var.Sinensis(Sims)Makino.*]

别名：茨菰、慈姑、华夏慈姑

科属：泽泻科慈姑属

形态特征：多年生宿根性沼生或水生植物，匍匐茎末端膨大成球茎，球茎卵圆形或球形，叶片着生基部，沉水叶呈线状，出水叶呈箭形，通常顶裂片短于侧裂片，全缘，叶柄较长，中空。花茎直立，多单生，总状或圆锥花序，花白色，花萼、花瓣各3枚，花期七至九月份，瘦果，不易结实。

欧洲慈姑（*Sagittaria sagittifolia L.*）：叶沉水、浮水或挺水，沉水叶条形或叶柄状；挺水叶箭形，通常顶裂片与侧裂片近等长。内轮花被片基部具紫色斑点，花药紫色。现常把慈姑误定为本种。

生长习性：我国长江以南各省区广泛栽培。日本、朝鲜也有栽培。性喜温暖、水湿，不耐霜冻和干旱。耐肥，喜光，要求土壤保水、保肥力强，适应力较强。

繁殖方法：以球茎的顶芽繁殖为主。苗期水位宜浅，宜浅水勤灌，以提高土温。促进生长和发根。植株进入生长盛期时，水肥要充足，水位可适当加深。入秋后匍匐茎先端膨大，形成球茎。球茎膨大时，适当控制水肥，以防徒长。

栽培管理：选择光照充足、气候温和、较背风的环境栽植，风、雨容易造成叶茎的折断。对于土壤，选择肥沃而土层不太深的黏土为好。

园林用途：慈姑叶形奇特，适应能力较强，可做水边、岸边的绿化材料，也可作为盆栽观赏。

九、旱伞草 [*Cyperus alternifolius* L.]

别名：伞草、水棕竹、风车草、水竹

科属：莎草科莎草属

形态特征：多年生湿生草本植物，株高60～100 厘米，丛生。地下部具短粗根状茎，茎直立丛生，三棱形，无分枝，叶退化成鞘状，棕色，包裹茎的基部。总苞片叶状，披针形，具平行脉，20枚左右，伞形着生在茎秆的顶部。聚伞花序，花小，淡紫色。花期6、7月份。小坚果。

生长习性：喜温暖、湿润、半阴条件，不耐寒，生长适宜温度为20～25℃。越冬低温时地上部分枯死，对土壤的要求不严格，但喜腐殖质丰富、保水力强的黏性土壤。原产于非洲马达加斯加，我国各地有栽培。

繁殖方法：分株繁殖为主，也可播种或扦插法繁殖。分株繁殖多在春季3月份进行，将母株分开后另行栽植。扦插繁殖则将茎顶部剪下3～5厘米，再剪去伞叶状1/2，插入沙中，在18～20℃的湿润条件下约1个月可生根。

栽培管理：生长季节忌阳光直射，否则容易引起叶尖枯焦。旱伞草忌干旱，在生长期间切忌失水，水分不足会引起叶片先端枯黄，植株发暗无神，从而影响生长与观赏。旱伞草喜较高的空气湿度，生长期间应经常用水喷洒叶面和周围环境。在生长期间会从根际不断生长出形似小竹笋的嫩芽，并展现新叶，过密时应疏剪去茎叶发黄的老茎秆。

园林用途：旱伞草体态轻盈，潇洒脱俗，特别是苞片如同一架架转动的风车，十分富有趣味，是良好的观叶水生植物。宜栽植于河边水旁的浅水之中，如与山石相配，更是秀态万千、清雅无比。

十、菖蒲 [*Acorus calamus* L.]

别名：水菖蒲、泥菖蒲、大叶菖蒲

科属：天南星科菖蒲属

形态特征：多年生草本，根茎横走，分枝，芳香，具毛发状须根。叶基生，剑状条形，无柄，绿色，中肋在两面均明显隆起。肉穗花序圆柱形，佛焰苞叶状；花黄绿色。花期6—9月份。浆果长圆形，红色。果熟期8—10月份。

生长习性：我国南北均产，常生于沼泽湿地或湖泊水边。

繁殖方法：播种或分株繁殖。将收集到的成熟浆果洗净秋播，保持潮湿的土壤或浅水，在20℃左右的条件下，早春会陆续发芽，待生长健壮时，可移栽定植。分株繁殖可将地下茎切成若干块状，每块留3～4个新芽，或在生长期分株繁殖。

栽培管理：根据水景景观布置需要，选择池边低洼地栽植，栽植的深度以主芽接近泥面为宜，因适应性较强，粗放管理即可。

园林用途：菖蒲叶丛翠绿，端庄秀丽，具有香气，适宜水景岸边及水体绿化，也可

盆栽观赏或作布景用。

十一、黄菖蒲 [*Iris pseudacorus* L.]

别名：黄花鸢尾、水生鸢尾

科属：鸢尾科鸢尾属

形态特征：多年生湿生宿根草本植物，植株高大，根茎短粗。叶基生，绿色，长剑形，中肋明显，并具横向网状脉。花茎粗壮，稍高出于叶，有明显的纵棱，上部分枝，花黄色，外花被裂片卵圆形或倒卵形，内花被裂片较小，倒披针形。花期5月份。蒴果长形，种子褐色，有棱角。果期6—8月份。

生长习性：原产欧洲，我国各地常见栽培。喜生于河湖沿岸的湿地或沼泽地上，适应性强，喜光，耐半阴，耐旱也耐湿，沙壤土及黏土都能生长。

繁殖方法：主要用播种和分株繁殖。分株繁殖可于早春、秋季和花后进行根茎分割，每段应带2～3个芽。播种则夏季种子成熟后，随采随播，不宜干藏。实生苗需3年开始见花。

栽培管理：水边栽种要覆土压紧，防止水浪花冲走或鱼咬食，影响扎根。盆栽以营养土或园土为宜，分株后极易成活，盆土要保持湿润或2～3厘米的浅水。摆放或栽种场所要通风、透光，夏季高温期间应向叶面喷水。冬季及时清理枯叶。

园林用途：叶片翠绿如剑，花色艳丽，如飞燕群飞起舞，靓丽无比，极富情趣，可布置于园林中池畔河边的水湿处或浅水区，既可观叶，也可观花，是观赏价值很高的水生植物。如点缀在水边的石旁岩边，更是风韵优雅，清新自然。

十二、水葱 [*Scirpus tabernaemontani* Gmel.(*Scirpus validus* Vahl)]

别名：黄花鸢尾、水生鸢尾

科属：鸢尾科鸢尾属

形态特征：多年生挺水植物，匍匐根状茎粗壮，多须根。秆高大，圆柱状，高1～2米。叶片线形，叶褐色。聚伞花序假侧生，具4～13或更多个辐射枝，小穗单生或2～3个簇生于辐射枝顶端，小花淡黄褐色。花期6—8月份。小坚果倒卵形或椭圆形，果熟期7—9月份。

生长习性：原产欧亚大陆，我国南北均有分布，野生于湖塘浅水边岸。喜温润环境，喜光，耐半阴。性强健，适应性强，耐寒，耐阴，也耐盐碱。在肥沃土壤中生长繁茂。

繁殖方法：播种和分株繁殖均可。初春将植株挖起用快刀切成若干块，每块带3～5个茎块芽。栽种初期宜浅水，以利提高水温促进萌发。

栽培管理：水葱管理粗放，生长时期及时清除杂草，生长期和休眠期都要保持土壤湿润。在肥料充足时，春天种植的当年即可生长成片。冬季上冻前剪除上部枯茎。盆栽宜用富含腐殖质肥沃松散的壤土。有叶斑病危害，应及时防治。

园林用途：水葱株丛挺立，生长葱郁，色泽淡雅洁净，常用于水面绿化或作岸边的池旁点缀，或作为水景布置中的障景或后景，也可盆栽用作庭园布景装饰用。

第三节　浮水型花卉栽培

一、芡实 [*Euryale ferox Salisb. ex Dc*]

别名：鸡头米、鸡头苞、鸡头莲、刺莲藕

科属：睡莲科芡属

形态特征：一年生水生草本，具白色须根及不明显的茎。初生叶沉水，箭形；后生叶浮于水面，叶柄长，圆柱形中空，表面生多数刺，叶片椭圆状肾形或圆状盾形，叶脉分歧点有尖刺，背面深紫色，叶脉凸起，有绒毛。花单生，花梗粗长，多刺，伸出水面。花期6—9月份。浆果球形，果期7—10月份。

生长习性：喜温暖湿润气候，不耐霜寒，生长期间需要全光照。喜富含有机质的轻黏壤土。

繁殖方法：种子繁殖，春、秋两季均可播种。直播或育苗移栽，秋播以采集当年种子撒入。

栽培管理：适温20～30℃，水深60～120厘米。在水位比较稳定，有一定疏松污泥的池塘、水库或沟渠种植。有叶斑病为害，病原为真菌，7—9月发病较多，可叶面喷雾甲基托布津（70%的可湿性粉剂）800～1 000倍液，或多菌灵（50%的可湿性粉剂）400～500倍液。

园林用途：芡实为观叶植物，在园林中多与荷花、睡莲、香蒲等配植水景，尤多野趣。根、茎、叶、果均可入药。外壳可作染料。

二、睡莲 [*Nymphaea tetragona Georgi.*]

别名：瑞莲、水洋花、小莲花

科属：睡莲科睡莲属

形态特征：多年生草本植物，根状茎粗短。叶子丛生，有细长的叶柄，浮在水面，近圆形或卵状椭圆形，全缘，上面浓绿，嫩叶子有褐色的斑纹，下面暗紫色。花单生在细长的花柄顶端，大多是白色，花期5—9月份。浆果球形，种子黑色，果期7—10月份。

生长习性：原产亚洲东部，我国各地广为栽培。喜光，要求阳光充足。对土壤要求不严，尤喜富含有机质的壤土，pH值为6～8均生长正常。生长季节池水深度以不超过80厘米为宜。

繁殖方法：常用分藕的繁殖方式。将睡莲的根茎切分成几段，每段带3个以上新芽，在水池或河塘中用湿泥填实即可。

栽培管理：睡莲是长日照植物，栽植场所光线要充足，通风要好。如用盆缸栽植则以肥沃河泥为好。注意清除杂草。

园林用途：花大叶美，适宜作园林水景园布置，或用水缸等种植观赏。睡莲的根能吸收水中的铅、汞及苯酚等有毒物质，还能过滤水中的微生物，故有良好的净化污水作用。

三、王莲 [*Victoria amazonica*]

别名：大王莲

科属：睡莲科王莲属

形态特征：大型多年生水生草本植物，根状茎短而粗，直立，具刺。叶浮于水面，大而圆，直径可达2米左右；叶子边缘向上折转、直立；上面绿色无刺，下面深红色，有突起的网状叶脉，脉上具锐刺；叶柄粗而长，密布粗刺。花单生水面，初为白色，次日变为深红而枯萎。花期7—8月份。浆果球形，种子黑色，9—10月份成熟。

生长习性：原产于南美热带地区，我国从1960年开始引种，常在温室栽培。喜高温、高湿，须在阳光充足的环境下生长发育，不耐寒。生长适宜的温度在25～35℃，低于20℃时，植株会停止生长。

繁殖方法：以播种繁殖为主，早春二月下旬在温室进行，盆播后放入水槽中，水温保持30℃。

栽培管理：喜深厚、肥沃的土壤，水深不超过1米，栽培水面应有充足阳光。温室栽培的要高温温室，空气湿度保持在60%～80%。冬季注意越冬。

园林用途：王莲为世界著名观赏植物，花大美丽，暮开朝合，宜在大型植物园或公园中，专辟特别水池栽培观赏。

四、萍蓬草 [*Nuphar pumilum*]

别名：黄金莲、萍蓬莲

科属：睡莲科萍蓬草属

形态特征：多年生浮叶型水生草本植物，叶纸质，宽卵形或卵形，基部心形，上面光亮无毛，下面密生柔毛，侧脉羽状。花瓣淡黄色或带红色。花期5—7月份。浆果卵形，果期7—9月份。

生长习性：分布较广。喜温暖、湿润、阳光充足的环境。对土壤选择不严，以土质肥沃略带黏性为好。水深以30～60厘米为宜，生长适宜温度为15～32℃，温度降至12℃以下停止生长。

繁殖方法：分株或播种繁殖。

栽培管理：栽培管理粗放，生长期要求充足肥料。

园林用途：初夏时节，黄花朵朵挺出水面之上，多用于园林水景布置，与睡莲、莲花、荇菜、香蒲、黄花鸢尾等植物配植，形成绚丽多彩的景观。

五、菱 [*Trapa bicornis Osbeck*]

科属：菱科菱属

形态特征：多年生水生草本，具菱形匍匐枝，茎长可达1米以上，漂浮水面，根生于水下泥中。沉水叶对生，根状；浮水叶，聚生茎顶，呈莲座状，三角形，上面叶缘有粗齿，近基部全缘；叶柄中部膨大呈纺锤形，外被绒毛。花单生叶腋，白色至粉红色。花期七月份。坚果，革质，果肉乳白色，品种很多。

生长习性：对生长的水域环境要求不严格，但喜温暖湿润和阳光充足的水域，不耐

霜冻，生长过程中水层不宜大起大落。

繁殖方法：有直播和育苗移栽两种。直播法将催芽的种菱果均匀地撒播泥中；育苗移栽法把育成30～40厘米长的菱苗定植于水中。

栽培管理：适宜于水深2～3米、底土较肥沃的水域。移栽前对水域进行清理，清除杂草水苔，适时种植，合理密植。常见的虫害有蚜虫、叶蝉等，注意防治。

园林用途：可绿化城市水体环境，在园林水景中，点缀水面，景观效果蔚为壮观。

六、荇菜 [*Nymphoides peltatum (Gmel.) O.kuntze*]

别名：莕菜

科属：龙胆科荇菜属（莕菜属）

形态特征：多年生水生草本，茎圆柱形，细长而多分枝，匍匐生长，节上生根，漂浮于水面或生于泥土中。叶飘浮，圆形，近革质，基部心形，上部叶对生，其他为互生；叶柄抱茎。花序束生于叶腋；花黄色，花梗稍长于叶柄；花冠5深裂，卵圆形，钝尖。花果期四至十月份。蒴果长椭圆形，9—10月份成熟。

生长习性：广布于我国南北各省区，朝鲜、日本和俄罗斯等也有。生于池塘或不甚流动的河溪中。适生于多腐殖质的微酸性至中性的底泥和富营养的水域中，土壤pH值为5.5～7.0。

繁殖方法：种子或根茎芽繁殖。果实成熟后，自行开裂。种子借助水流传播；根茎斜伸在泥土中，能节节生根和芽。越冬后，根茎或匍匐枝中断，由芽独立生长发育成新株。用它的匍匐枝、根茎投入水中或埋入泥中，很容易成活。

栽培管理：管理较粗放，生长期要防治蚜虫。

园林用途：叶片形似睡莲小巧别致，鲜黄色花朵挺出水面，花多花期长，是庭园点缀水景的佳品，用于绿化美化水面。

第四节 漂浮型花卉栽培

一、浮萍 [*Lemna minor* L.]

别名：青萍、田萍

科属：浮萍科浮萍属

形态特征：多年生漂浮植物，植物体为倒卵形或长椭圆形叶状，全缘，成片浮于水面，两面浅绿色，背面垂生丝状根一条，白色；叶状枝自植物体下部生出，对生。花白色，着生在叶状体的侧面。花期4—6月份。果实圆形，边缘有翅。果期5—7月份。

生长习性：广布于世界各地，生于水田、池沼或其他静水水域。常与紫萍等混生，形成密布水面的漂浮群落，喜温暖气候和潮湿环境，忌寒。

繁殖方法：种子或分株繁殖法。以无性分裂方式繁殖。

栽培管理：栽培容易，生长极快，需要加以控制。

园林用途：宜于庭园水景和盆栽观赏，也宜在水田、池沼、湖泊栽培。

二、水鳖 [*Hydrocharis dubia (Bl.) Backer*]

别名：马尿花、苶菜

科属：水鳖科水鳖属

形态特征：多年生漂浮性草本植物，须根长，匍匐茎发达，叶簇生，多漂浮；叶片心形或圆形，先端圆，基部心形，全缘。雄花序腋生，佛焰苞2枚，具红紫色条纹；雌佛焰苞小，苞内雌花1朵，白色，基部黄色，广倒卵形至圆形。果实浆果状，球形至倒卵形。花果期8—10月份。

生长习性：生于静水池沼中。喜温暖湿润的环境，温度过高或过低都会影响生长。

繁殖方法：茎繁殖力强，能不断产生走茎，长出子株。一到秋天，水鳖的生长会停顿，水中茎先端会长出休眠芽，准备沉水过冬。

栽培管理：植株生长过密，或土壤中缺肥，会发生黄叶或烂根现象，应注意通风透光，利于植株健康生长和发育。

园林用途：水鳖因根系茂密，会有许多藻类附生其上，并能吸引水生昆虫觅食，又有水禽前来摄食昆虫与藻类，使水鳖的根区自成一小型的水域系统，且是一完整的食物链，能进行水中养分与有机质的分解，所以很多欧美的人工湿地都会栽种水鳖，来作为除氮的物种。

三、满江红 [*Azolla imbricata R. M. K. Saunders & K. Fowler*]

别名：红苹

科属：满江红科满江红属

形态特征：小型漂浮植物，植物体呈卵形或三角状，根状茎细长横走，侧枝腋生，假二歧分枝，向下生须根。叶小如芝麻，互生，无柄，叶片深裂分为背裂片和腹裂片两部分，背裂片长圆形或卵形，肉质，绿色，但在秋后常变为紫红色；腹裂片贝壳状，斜沉水中。孢子果双生于分枝处，大孢子果体积小，小孢子果体积较大，圆球形或桃形。孢子果9—11月份成熟。

生长习性：广布于长江流域和南北各省区。生于水田和静水沟塘中。

繁殖方法：孢子繁殖或营养繁殖。

栽培管理：生长快速，管理粗放。

园林用途：可用于园林水景，秋后叶色变红，形成大片水面被染红的景观，十分壮观，故名满江红。

四、凤眼莲 [*Eichhornia crassipes gaertn*]

别名：水葫芦、水浮萍

科属：雨久花科凤眼莲属

形态特征：多年生浮水草本植物，须根发达，茎极短，具长匍匐枝。叶在基部丛生，莲座状排列；叶片圆形，宽卵形或宽菱形，全缘，具弧形脉，表面深绿色，光亮。穗状花序，从叶柄基部的鞘状苞片腋内伸出，花被裂片6枚，花瓣状，卵形、长圆形或倒卵形，紫蓝色。花期7—10月份。蒴果卵形，果期8—11月份。

生长习性：原产于巴西，现广布于我国长江、黄河流域及华南各省。喜向阳、平静的水面，或潮湿肥沃处生长；在日照时间长、温度高的条件下生长较快，受冰冻后叶茎枯黄。耐碱，pH值为9.0时仍生长正常；抗病力强。

繁殖方法：分蘖繁殖，容易而快速。

栽培管理：1901年引入我国，具有极强的生命力，管理粗放。

园林用途：凤眼莲叶色翠绿，花色艳丽，是美化环境、净化水质的良好植物，可作园林水景中的造景材料，植于小池一隅，以竹框之，野趣幽然。凤眼莲也是监测环境污染的良好植物，能富集各种污染物质，可净化水中汞、镉、铅等有害物质。但容易泛滥成灾。

五、大薸 [*Pistia stratiotes* L.]

别名：天浮萍、水浮萍、大萍叶、水荷莲

科属：天南星科大薸属

形态特征：多年生浮水草本植物，须根羽状，密集。叶簇生成莲座状，叶片常因发育阶段不同而形异，倒三角形、倒卵形、扇形，以至倒卵状长楔形，两面被毛，基部尤为浓密；叶脉扇状伸展，背面明显隆起成折皱状。肉穗花序，佛焰苞白色，外被茸毛；花白色。花期5—11月份。

生长习性：原产于热带和亚热带的小溪或淡水湖中，我国长江以南各省区均有分布或栽培。性喜高温湿润气候，不耐严寒，繁殖力极强。

繁殖方法：分株繁殖为主。华东地区夏季晴天高温时，增殖快速。

栽培管理：主要是放养管理，高温下极易滋生疯长，应及时预防。

园林用途：在园林水景中，常用来点缀水面。宜植于池塘、庭院小池，再放养数条鲤鱼，使之环境优雅自然，别具风趣。能吸收有害物质和过剩营养物质，可净化水体。

第五节　沉水型花卉栽培

一、苦草 [*Vallisneria spiralis (Lour.) Hara*]

别名：蓼萍草、扁草

科属：水鳖科苦草属

形态特征：多年生无茎沉水草本，叶基生，线形，边缘全缘或微有细锯齿，叶脉5～7条，无柄。雌雄异株，雄花小，多数，生于叶腋，包于具短柄的卵状3裂的佛焰苞内；雌花单生，佛焰苞管状，先端3裂。花期8月份。果期9月份。

生长习性：喜温暖，耐荫蔽，对土壤要求不严，野生植株多生长在林下山坡、溪旁和沟边。

繁殖方法：种子繁殖和无性繁殖。五至八月切取地下茎上分枝进行繁殖，方法简便。

栽培管理：栽植前将种植区域内的杂草和异物清理干净，施足基肥，待水澄清后进行移栽定植。初期生长慢，必须保持水质清澈，增加水中的光照。

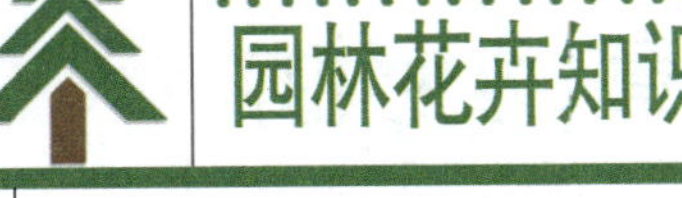

园林用途：苦草植株叶长，翠绿丛生，是风景区水景和庭园水池的良好水下绿化材料，也适合室内水体绿化，是装饰水族箱的良好材料，常作背景草使用。

二、金鱼藻 [*Ceratophyllum demersum* L.]

别名：松藻

科属：金鱼藻科金鱼藻属

形态特征：多年生沉水草本植物，茎细长而平滑，有分枝。叶轮生茎上，绿色，1～2回叉状分枝，裂片线形，使全株呈松针状。花单生，雌雄同株或异株，花小，直径约2毫米。花期6—7月份。坚果宽椭圆形，果期8—10月份。

生长习性：全国广泛分布，多野生于淡水池沼或流速小的河湾中。喜光，也耐阴，适应性强。

繁殖方法：将金鱼藻植株切断，切短的枝叶埋入沙中3～5厘米，枝叶会很快生根，逐渐生长分枝。

栽培管理：全株沉于水中，因而生长与光照关系密切，当水过于浑浊，水中透入光线较少，金鱼藻生长不好，但当水清透入阳光后仍可恢复生长，但强烈光照会使金鱼藻死亡。

园林用途：适于净化和美化

实训十　碗莲栽培与养护

一、实训目的及要求

使学生掌握碗莲的栽培技术，并能进行正确养护。

二、实训材料与用具

盆或碗、碗莲种藕和塘泥。

三、实训方法与步骤

1. 选用方形、圆形，直径在20厘米左右，深为15厘米左右，或稍大的盆碗。

2. 选择容易着花的花繁品种的碗莲种藕。在盆碗中放入肥沃的湖泊塘泥，将种藕栽种在塘泥中，以塘泥到整个盆碗的3/5左右为宜，灌水时防止种藕浮出水面。到七八月间，藕分节长大，盆土会随之长高。

3. 种藕的一个生长周期要经过萌芽、展叶、开花、结实、长藕和休眠等过程。春分以后，当气温升到10℃以上时，种藕上的藕芽开始萌动，清明以后，气温达15℃以上时，开始长出浮时，并抽生藕鞭；当气温达20℃以上时，主鞭抽生立叶，并已有较强的根系，吸肥能力增强。在整个过程中注意补水、清除杂草，以及追肥和防止蚜虫等为害。碗莲以平均花直径不超过12厘米，立叶平均高度不超过33厘米，立叶叶片平均直径不超过24厘米为宜。碗莲需要充足的光照，但忌雨后暴晴。

四、作业

观察碗莲的生长周期。

思考与练习

1. 水生植物有哪些类型？它们在园林造景中各有什么作用？
2. 荷花有哪些俗称和雅称？简述它的主要习性和栽培要点。
3. 目前园林应用较多的水生花卉有哪些？简述它们的栽培特点。

第六章 木 本 花 卉

学习目标

◆掌握木本花卉的概念及其特点

◆掌握常见木本花卉的生态习性、繁殖栽培管理技术要点

◆能识别20种常见的木本花卉，掌握木本花卉的栽培繁殖技术，能熟练应用木本花卉

第一节 概 述

一、木本花卉的种类和特点

木本花卉是指一类因根、茎增粗生长而形成有大量的木质部，而且细胞壁也多数木质化的坚固的植物，一般都比草本类花卉高大。

木本花卉种类繁多，根据其形态特征，常将其分为乔木、灌木和藤蔓类花卉三大类。

1. 乔木类花卉

乔木类花卉树身高大，有明显主干，直立性强，生长旺盛，枝繁叶茂。

按其生长习性，乔木类又可分为常绿乔木类花卉和落叶乔木类花卉两大类：

（1）常绿乔木类花卉。如广玉兰、桂花、木莲、白兰花等。

（2）落叶乔木类花卉。如白玉兰、梅花、垂丝海棠等。

2. 灌木类花卉

灌木类花木树形低矮，无明显主干，常从根颈部分枝，枝条多，大多呈丛生状。

按其生长习性，灌木类又可分为常绿灌木类花卉和落叶灌木类花卉两大类：

（1）常绿灌木类花卉。如山茶花、杜鹃、夹竹桃、栀子花等。

（2）落叶灌木类花卉。如蜡梅、石榴、月季花、迎春花等。

3. 藤蔓类花卉

藤蔓类花木枝干长而细弱，不能直立，常攀缘或绕缠于其他物体上生长。

按其生长习性，藤蔓类也可分为常绿藤蔓类花卉和落叶藤蔓类花卉两大类。

（1）常绿藤蔓类花卉。如常春藤、扶芳藤、金银花等。

（2）落叶藤蔓类花卉。如凌霄、紫藤、爬墙虎等。

二、栽培管理要点

木本花卉虽然种类繁多，植株大小差异也较大，对养分的要求各不相同，但在栽培管理上有着共同的特点。

1. 移植

木本花卉的移植分为裸根移植和带土球移植两大类。

裸根移植需要使用锋利的起苗工具，沿苗行方向，于规定的根系规格范围（为胸径的6～10倍）以外的适当之处， 先挖一条沟，在沟壁下侧挖出斜槽，根据根系要求的深度切断底根，再切断侧根，若遇粗根时最好用手锯锯断，即可取出苗木。注意起苗时切不可硬拔苗木，一定要保护大根的不劈裂，并尽量多保留须根。移植后应保持根部湿润，方法是根系掘出后喷保湿剂或沾泥浆，用湿草包裹等。此外，掘出的土壤宜于掘苗后，原土回填坑穴。

凡常绿树和落叶树在非休眠期移植，或者需较长时间假植的树木，都应该采取带土球法移植。土球规格一般按胸径（1.3米处）的7～10倍，土球高度一般为土球直径的2/3左右。带土球移植，应保证土球完好，尤其雨季更应注意。灌木类花卉常用蒲包或蒲包片包扎，而乔木则要用草绳绑扎。

在移植过程中，同时要对树冠进行必要的修剪，以维持其水分代谢的平衡，利于移植成活。苗木挖完后应随即运走定植。如一时不能运走可在原地埋土假植，用湿土将根掩埋。如假植时间长，还须根据土壤的干燥程度，适量灌水，以保持土壤的湿度。

移植的季节，一般落叶的木本花卉应在落叶后树木休眠期进行，常绿类木本花卉可在春、秋或雨季（夏）进行，一般以春季移植为最佳。

2. 施肥

通常以施长效基肥为主，生长期间视长势强弱再适当追施速效肥。由于木本花卉根系发达，分布深而广，吸收水、肥能力强。因此一般花木每年或每隔1年施一次基肥，生长季节再追施3～5次追肥即可。施基肥宜于深秋至早春花木休眠期进行。施基肥的部位，以挖沟施在根系密集分布的地方为好，一般以树冠的垂直投影为界。施肥沟的深度因花木大小和种类而异，一般成株花木宜挖30～45厘米以上的深度，以利促使根系向深处发展。施肥沟多挖成环形或放射形。树冠较小的花木，宜采用放射形直沟施肥，沟的外沿要比近树干处挖的深些。

追肥通常都是在早春花卉刚刚生长和旺盛生长期进行。对于一年抽几次新枝的花木，可在新梢发生前追施肥。观花观果类花木，除在茎叶生长期施用以氮肥为主的肥料外，在花芽分化、花蕾形成期还应增施磷肥，以利花多色艳。对于开花期长的月季等花木，施追肥的次数应适当增加，施肥浓度也应大些。追肥的种类，目前多用腐熟饼肥水或复合化肥等为多。

3. 修剪

有时候一些花卉植物枝叶生长过于繁茂，内部通风透光受阻，易引起病虫害，为了调节植株各部的生长，促进开花，防治病虫害，就要对它们进行修剪，这是非常重要的工作。修剪一般将枯枝、病枝、残枝和过密细弱的枝条剪除，以促进其通风透光、节省养分和改善株型。

4. 病虫害防治

关键在强化对木本花卉的栽培管理，首先不宜栽种过密，其次要进行适度修剪，特别是要剪去靠近地面的枝条，可减少传染的阶梯；增加通风透光，避免过于闷热潮湿。

花木的病虫害防治应以防为主，防、治兼顾。所以一是要消灭病源，防止虫害发生；病原菌通常随病叶落入地面或表土中，要及时清扫烧毁；同时，冬季进行翻土，将越冬虫卵清除，减少新侵染源。二是要掌握病虫发生规律，抓住防治有利时机，及时用药。

第二节　常见常绿花卉栽培

一、山茶 [*Camellia japonica* L.]

别名：曼陀罗树、耐冬

科属：山茶科山茶属

形态特征：常绿灌木或小乔木，树高可以达到9～15米。树皮青灰色，叶子椭圆形或者倒卵形，长5～10厘米，边缘有细的锯齿。聚伞圆锥花序，花大，原种开单瓣红花，目前品种多达千和。花期2—4月份。蒴果5月份成熟。

生长习性：喜温暖湿润的环境条件，忌烈日，喜半阴，若遭烈日直射，嫩叶易灼

伤，造成生长衰弱。喜深厚、肥沃、微酸性的沙壤土，要求土壤水分充足和良好的排水条件。

繁殖方法：可用扦插、嫁接或压条等方法繁殖。扦插在春末夏初和夏末秋初进行。选树冠外部生长充实、叶芽饱满、无病虫害的当年生半木质化的枝条作插穗，剪取时基部带踵易生根。对于一些优良品种可采用嫁接或高空压条法繁殖。

栽培管理：栽植地应选择半阴，通风良好，土壤肥沃、疏松、富含腐殖质，排水良好的场地。以秋季栽植为宜，栽植时，应尽可能带土球移植。栽植时把地上部残枝和过密枝修剪掉，成活后及时浇水，中耕除草，防治病虫害。

园林用途：树姿优美，四季常绿，花色娇艳，花期较长，象征吉祥福瑞。山茶具有很高的观赏价值，特别是盛开之时，给人以生机盎然的春意。广泛应用于公园、庭园、街头、广场、绿地，也可盆栽，美化居室、客厅、阳台。

二、杜鹃 [*Rhododendron simsii planch.*]

别名：映山红、照山红、野山红

科属：杜鹃花科杜鹃花属

形态特征：落叶或是半常绿灌木，高2～3米，分枝密，枝叶及花梗都密生黄褐色粗伏毛。叶纸质，卵状椭圆形，两面都有粗伏毛，背面较密。花冠鲜红或深红色，宽漏斗状，品种繁多。花期4—5月份。蒴果卵圆形，果熟期10月份。

生长习性：喜欢半阴温凉的气候，忌高温炎热，忌烈日暴晒，在烈日下嫩叶易灼伤枯死；忌干燥多风；要求富含腐殖质、疏松、湿润和酸性土壤，忌碱忌涝，忌低洼积水。

繁殖方法：常用扦插或嫁接繁殖方法。扦插适宜季节为春、秋两季，选用当年生绿枝或结合修剪用硬枝扦插，春季更易生根。嫁接繁殖一般采用嫩枝顶端劈接，时间在5—6月。

栽培管理：杜鹃花是典型酸性土花卉，对土壤酸碱度要求严格。适宜的土壤pH值为5～6，pH值超过8，则叶片黄化，生长不良而逐渐死亡。生长季节需及时补水，但浇水太勤太多则易烂根。因萌芽力很强，栽培中应注意修剪，以保持株型完美。

园林用途：在园林中宜丛植于林下、溪旁、池畔等地，也可用于布置庭园或与园林建筑相配置，也是布置会场、厅堂的理想盆花。

三、月季 [*Rosa chinensis Jacq.*]

别名：月月红、长春花

科属：蔷薇科蔷薇属

形态特征：常绿或半常绿灌木，高2米。小枝有粗的皮刺。羽状复叶互生，小叶3～5枚，边缘有锯齿；托叶大部附生于叶柄基部。花单或几朵集生成伞房花序，顶生，花色丰富，品种繁多，花期5—8月份。肉质假浆果，9—10月份成熟。

另有玫瑰（*R. rugosa thunb.*）小枝密生刺毛，羽状复叶互生，小叶5～9枚，花期5—6月份。

生长习性：喜欢阳光，喜欢温暖的气候，耐寒性较强。对土壤要求不严，但适于在肥沃疏松、湿润而排水良好的中性土中生长。萌芽力强，耐修剪，管理粗放。

繁殖方法：一般都采用扦插繁殖，梅雨季或春、秋两季均可扦插。对于不易生根的则采用嫁接繁殖，春季枝接，夏季芽接。也可以用分株、压条繁殖。

栽培管理：在江南可露地栽植，但冬季注意防寒。修剪有冬季修剪和生长季修剪两个时期。月季喜肥，可适量多施有机肥。平时管理粗放，病虫害较少。

园林用途：花色艳丽，花期长，色香俱佳，是美化环境的优良花木。可布置花坛、花丛和花境，或作基础栽植，并可盆栽或做切花种植。

四、含笑 [*Michelia figo (Lour.) Spreng.*]

别名：香蕉花

科属：木兰科含笑属

形态特征：常绿灌木或小乔木，高可以达到5米。小枝、芽、叶柄、花梗都有锈褐色茸毛。单叶互生，叶椭圆形至倒卵形，光亮，全缘。花单生叶腋，花瓣6片，肉质淡黄色，边缘常带有紫晕，花香，有香蕉气味，花常不开全，有如含笑之美人，花期3—4月份。果卵圆形，果熟期9月份。

生长习性：喜欢半阴环境，也能耐阴，不耐暴晒和干燥。喜温暖多湿气候，不耐干旱。喜肥沃、湿润的微酸性至中性土壤，不耐瘠薄。对氯气抗性较强。

繁殖方法：以扦插繁殖为主，也可采用嫁接、播种和压条的方法。扦插以梅雨季为好，初期需全遮阴。嫁接以紫玉兰为砧木，春季进行切接。

栽培管理：在江南可露地栽植，但冬季注意防寒。平时管理粗放，病虫害较少。

园林用途：著名的芳香观花树种。适合孤植、丛植在小游园、公园或街头绿地、草坪边缘、疏林下。北方做盆栽观赏。花供熏茶、提取香精。

五、金丝桃 [*Hypericum monogynum* L.]

别名：金丝海棠、五心花

科属：金丝桃科金丝桃属

形态特征：半常绿小灌木，高1米，小枝纤细，而且分枝多。单叶对生，长3～8厘米，无柄，长椭圆形。花期6—7月份，常见3～7朵集合成聚伞花序，着生在枝顶，此花不但花色金黄，而且束状纤细的雄蕊花丝也是灿若金丝，惹人喜爱。

另外有一种称为金丝梅（*Hypericum patulum thunb.*），叶有短柄，花常单生枝端，金黄色。

生长习性：常野生于湿润溪边或半阴的山坡下，喜欢阳光，也能耐阴，有一定耐寒能力，对土壤适应性强，耐旱，耐寒，耐瘠薄，怕积水。根系发达，萌芽力强，耐修剪。

繁殖方法：播种、扦插或分株繁殖。以梅雨季扦插为主，带踵。因种子细小，播种时覆土要薄，注意保湿。

栽培管理：适应性强，管理粗放，有蚜虫、大蓑蛾等为害，注意防治。

园林用途：枝叶清秀，花色鹅黄，形似桃花，雄蕊纤细，灿若金丝，是重要的夏季观花树种。常群植于路边、花坛边缘及大树之下，或作花篱，也可与山石小品等配景。

六、夹竹桃 [*Nerium indicum mill*]

科属：夹竹桃科夹竹桃属

形态特征：常绿大灌木，高达5米。叶3～4枚轮生，在枝条下部为对生，窄披针形，全缘，革质；侧脉扁平，密生而平行。夏季开花，花桃红色或白色，成顶生的聚伞花序。花期6—9月份。蓇葖果矩圆形，12月份成熟。

常见栽培变种有白花夹竹桃（Nerium indicum cv.Leucanthm）、重瓣夹竹桃（Nerium indicum cv. Paihua）等。

生长习性：性喜充足的光照，温暖和湿润的气候条件。有红色和白色两种。不耐寒，畏水涝。对土壤要求不严，耐烟尘，抗有毒气体。

繁殖方法：扦插繁殖为主，也可分株和压条繁殖。早春硬枝扦插，插穗基部须用清水浸泡除去汁液。

栽培管理：管理粗放，适当注意防止积水，防寒及适当修剪即可。病虫害也较少。

园林用途：多见于公园、厂矿、行道绿化。各地庭园常栽培做观赏植物。

七、栀子花 [*Gardenia jasminoides* Ellis]

别名：山栀花、黄荑子、黄栀子

科属：茜草科栀子花属

形态特征：常绿灌木或小乔木，枝丛生。单叶对生或3枚轮生，倒卵形或长椭圆形，全缘，革质，翠绿色，叶表有光泽。花单生枝顶，白色，浓香。花期5—7月份。浆果具5～9纵棱。果期10—11月份。

主要品种有大花栀子（*Gardenia jasminoides* var. grandiflora）、水栀子（*Gardenia jasminoides* var. radicans Makino，也称为雀舌花，植株矮小，枝平展匍地生长）等。

生长习性：喜光，但避免强光直射。喜温暖湿润的气候，耐寒性较差。喜肥沃、排水良好的酸性土，是典型的酸性土植物。萌芽力强，耐修剪。对氯气有一定抗性。

繁殖方法：可采用扦插、播种和压条三种方法进行繁殖。一般在梅雨季用软枝扦插为主。

栽培管理：栽植地以酸性土为宜，移植在梅雨季进行。因喜肥，所以以薄肥勤施为宜。早春剪去枯枝，促使多发新梢；晚春修去徒长枝，整理树形，花后及时摘除残花。注意病虫害防治。

园林用途：栀子花是著名的香花树种。可丛植、列植，或作绿篱。也可盆栽、制盆景、做切花材料，或街道、厂矿绿化树种。

八、六月雪 [*Serissa japonica (Thunb.) Thunb.*]

别名：满天星

科属：茜草科六月雪属

形态特征：常绿或半常绿灌木，植株低矮，株高不足1米，分枝多而稠密，显得纷乱。单叶对生或成簇生于小枝上，长椭圆形或长椭圆披针状，叶小，全缘。花白色带红晕或淡粉紫色，花形小，密生在小枝的顶端。花期6—7月份。小核果近球形，十月份成熟。

常见栽培的有金边六月雪（叶缘金黄色）、斑叶六月雪和重瓣六月雪等。

生长习性：喜阳光，也较耐阴，忌狂风烈日，高温酷暑时节宜疏荫。不择土壤，萌芽力强，耐修剪。

繁殖方法：以扦插繁殖为主，早春硬枝扦插或梅雨季软枝扦插，极易成活。也可用压条或分株繁殖。

栽培管理：树性强健，管理粗放。

园林用途：初夏开花繁花点点，一片白色，并至深秋开花不断，适应能力强，可群植或丛植于林下、河边或墙旁。也可做花境配植，也是盆栽观赏的好材料。

九、桂花 [*Osmanthus fragrans (Thunb.)Lour.*]

别名：木樨、丹桂、岩桂、九里香

科属：木樨科木樨属

形态特征：常绿小乔木或灌木状，树高可达15米。单叶对生，多呈椭圆或长椭圆

形，树叶叶面光滑，革质，叶边缘有锯齿。花簇生，花冠分裂至基乳，有乳白、黄、橙红等色。花期9—10月份。果实为紫黑色核果，俗称桂子，第二年3—4月份成熟。

桂花的品种很多，常见的有金桂、银桂、丹桂和四季桂四种。

生长习性：喜光，也耐半阴，耐寒性不强，对土壤要求不严，但以排水良好而富含腐殖质的沙质土壤上生长最好。

繁殖方法：扦插或嫁接繁殖。扦插以梅雨季半熟枝带踵扦插为主，成活率高。嫁接以小叶女贞、女贞、小蜡等作砧木，于春季切接，也可用高空压条法繁殖。

栽培管理：因性喜高爽，应选择排水良好的地方栽植。花后至冬季施以基肥，春、夏酌量施以追肥，以确保其生长和开花良好。平时修剪以维持树形。

园林用途：终年枝叶繁茂，花朵金黄，花香馥郁，是我国十大传统名贵花卉之一。古典园林中常对植于门厅或庭园之中。孤植、丛植、列植或成林种植等均可。

十、南天竺 [*Nandina domestica Thunb.*]

别名：南天竹、阑天竹

科属：南天竺（小檗）科南天竺属

形态特征：常绿灌木，高3米左右。叶互生，为2～3回奇数羽状复叶，小叶椭圆披针形，全缘，革质，秋、冬季常变紫红色。圆锥花序顶生，花白色。花期6、7月份。浆果球形，成熟时淡红色；果期10—12月份。

主要品种有玉果天竺（*Nandina domestica* cv. Leucocarpa），又名黄天竺，果黄白色，叶不变红。

生长习性：性喜半阴，强光下叶色呈红色。喜温暖湿润气候及喜排水良好、肥沃的中性和微酸性土壤。较耐寒。

繁殖方法：播种、扦插或分株繁殖。分株在早春萌芽前进行，沾以泥浆种植。播种以秋季随采随播为多，出苗后加以适当遮阴。

栽培管理：应选择避风、半阴环境种植。对于过高的旺枝可在秋后剪去，使其第二年重新萌发，树身变矮，结果也多。

园林用途：果、叶红艳，观果期长，可片植或作下木配置，也可与山石小品等配景，或盆栽观赏。传统上常和蜡梅配置，或作瓶插，称“岁寒二友”。

十一、凤尾兰 [*Yucca gloriosa* L.]

别名：菠萝花、剑叶丝兰

科属：龙舌兰科丝兰属

形态特征：常绿多年生灌木状植物，茎明显，有时分枝。叶近莲座状簇生，坚硬，长状披针形或近剑形，先端具硬刺。花梃高大，花白色，下垂，圆锥花序，花期夏季和秋季。

生长习性：原产于北美。全日照或半日照，喜疏松、排水良好的土壤，喜湿润，生长适温22～30℃。性强健，耐旱，耐湿，对多种有毒气体有很强的抗性。

繁殖方法：埋茎或分蘖繁殖。埋茎即将茎切块埋植，分蘖则是选择根蘖的幼小个体另行栽植，均在春季进行。

栽培管理：管理粗放，冬季进行适当的树形整理，剪除枯叶，略施肥料，可保第二年生长良好。

园林用途：常植于花坛中央、建筑前、草坪中、池畔、台坡、建筑物旁、路旁及绿篱等栽植用。

第三节　常见落叶花卉栽培

一、牡丹 [*Paeonia suffruticosa andr.*]

别名：木芍药、洛阳花、富贵花

科属：芍药（毛茛）科芍药属

形态特征：落叶灌木，高2米。根肉质，粗而长。2～3回三出复叶，互生，小叶3～5裂。花单生在枝条的顶端，花色有白、黄、粉、红、紫及复色，品种繁多，花期4—5月份。聚合蓇葖果，9月份成熟。

生长习性：喜凉恶热，喜燥怕湿，可耐-30℃的低温，在年平均相对湿度45%左右的地区可正常生长。喜阳光，适合于露地栽培。栽培场地要求地下水位低，土层深厚、肥沃、排水良好的沙质壤土。怕水涝。土壤黏重，通气不良，易引起根系腐烂，造成整株死亡。

繁殖方法：常用分株和嫁接法繁殖，均在秋季进行。也可播种、扦插和压条。

栽培管理：移植多在秋季进行，常土筑高台，以免烂根。肥水管理在花期前后为宜，不宜过浓。

园林用途：多植于公园、庭园、花坛、草地中心及建筑物旁，为专类花园和重点美化用，也可与假山、湖石等配置成景。也可做盆花室内观赏或切花之用。

二、梅花 [*Prunus mume Sieb. et zucc.*]

别名：一枝春、木母、花魁、状元花、国香

科属：蔷薇科李属

形态特征：落叶小乔木，高达10米。树干紫褐色，多纵驳纹。常有枝刺，小枝绿色或以绿色为底色。叶广卵形至卵形，叶柄有腺体。花粉红、白色或红色，早春叶前开放，四至六月份果熟。梅花品种有近300个之多。

生长习性：喜温暖而湿润的气候，具有一定的耐寒性，在华北地区栽植多选择抗寒性强的品种，并植于背风向阳面。要求有充足的光照和通风良好的条件，对土壤要求不严，耐瘠薄，以深厚、疏松、肥沃的壤土为好。不耐积水，以免造成烂根。

繁殖方法：最常用的是嫁接法，其次为扦插、压条法。嫁接的砧木在南方多用梅或桃，北方常用杏、山杏或山桃。嫁接时间和方法各地不同，在春季多采用切接、劈接、腹接和靠接，在冬季采用腹接，夏秋季采用芽接。

栽培管理：露地栽培宜选择排水良好的高燥地，初冬施基肥，含苞前施速效性催花肥，新梢停止生长后施速效性花肥，以促进花芽分化，每次施肥后都要浇透水。地栽的整形修剪以疏剪为主，株形为自然开心形，剪枝时以轻剪为宜，重剪常导致徒长，影响全年开花。多在初冬疏剪枯枝、病枝和徒长枝，花后对全株适当整形。此外，生长期间应结合

水肥管理开展中耕、除草、防治病虫工作。

园林用途：梅花最适宜成片植于草坪、低山丘陵，成为季节性景观，也可孤植和丛植，植于建筑物一角，配置山石。用梅花做盆景，苍劲古雅，疏枝横斜，暗香浮动，具有极高的观赏价值。可置于厅堂及案几上，也可做切花进行室内装饰。

三、桃花 [*Prunus persica (L.)Batsh*]

别名：桃子、桃树

科属：蔷薇科李属

形态特征：树高3～5米，小枝粗壮。单叶卵状披针形，边缘有细锯齿，叶柄有腺体。花单生，花瓣粉红色；花期3—4月份。果球形或卵形，表面被短毛，夏末成熟；核扁心形，肉厚，多汁，味甜或微甜酸；果熟6—7月份。

生长习性：喜光，喜温暖，稍耐寒，喜肥沃、排水良好的土壤，碱性土和黏重土均不适宜。不耐水湿，忌洼地积水处栽培。根系较浅，但须根多，发达。

繁殖方法：以嫁接和播种繁殖为主。嫁接分春季枝接和夏季芽接，以芽接为主，砧木以实生苗为多。

栽培管理：多采用冬季休眠期修剪，为维护树形，夏季则以摘心为主，抑强扶弱，使树势平衡。病虫害较多，应及早防治。

园林用途：桃花为常见的果树及观赏花木，可片植形成“桃花溪”“桃花坞”等，在景观观赏时常与柳树组合种植，形成“桃红柳绿”。

四、樱花 [*Prunus serrulata Lindl.*]

别名：山樱花

科属：蔷薇科李属

形态特征：树高达25米。树皮光滑，紫黑色。叶卵状或卵状椭圆形，花2～3朵组成伞房总状花序，花瓣白色，花叶同放；花期3—4月份。果卵球形，果期6—7月份。

另有一种日本晚樱[P. lannesiana （Carr.）Wils.]，叶缘有重锯齿，并有长芒，花红色或白色，重瓣；花期晚，4月中下旬开放。

生长习性：喜欢阳光，喜深厚、肥沃、排水良好的土壤。根系较浅，有一定的耐寒力。寿命较长，对有害气体十分敏感，不耐烟尘。

繁殖方法：嫁接繁殖。砧木以樱桃、桃、杏等实生苗为主，于春季进行嫁接或腹接。

栽培管理：一般不宜修剪，注意对病虫害的防治。

园林用途：春季繁花似锦，是春秋观花树种。在园林中可丛植、列植等做行道树、孤赏树。常与垂丝海棠同植，以延长观赏期。

五、垂丝海棠 [*Malus halliana (Voss.) koehne.*]

别名：海棠、垂枝海棠

科属：蔷薇科苹果属

形态特征：树高可达8米，单叶互生，椭圆形至长椭圆形，边缘有平钝锯齿，叶柄常紫红色。花鲜玫瑰红色，5～7朵簇生成伞房总状花序。花期3—4月份。9—10月份果熟。

另外有一种西府海棠（M. micromalus　Makino）也称为小果海棠，树态俏丽，花粉红色。

生长习性：喜阳光，不耐阴，不耐寒，喜温暖湿润环境，适于阳光充足、背风之处栽植。

繁殖方法：以嫁接为主，砧木以实生苗为主，切接、芽接均可。还可采用根插繁殖。

栽培管理：花后一般要修剪枝端，整理树姿，要使花色鲜艳，可在冬季施以基肥，培土壅根。

园林用途：垂丝海棠宜植于小径两旁，或孤植、丛植于草坪上，最宜植于水边，犹如佳人照碧池。

六、粉花绣线菊 [*Spiraea japonica* L.f.]

别名：日本绣线菊

科属：蔷薇科绣线菊属

形态特征：小枝无毛或幼时被短柔毛，叶片先端多渐尖，边缘有重锯齿或单锯齿。花序为宽广平顶的复伞房花序，生于当年生的直立新枝顶端，花萼有稀疏短柔毛。花期6—7月份。蓇葖果半开张，果期8、9月份。

生长习性：性强健，喜光，略耐阴，抗寒，耐旱。适应性强，耐瘠薄。在湿润、肥沃土壤生长旺盛。

繁殖方法：分株、扦插或播种繁殖。以早春硬枝扦插为宜，单瓣品种则以播种为主。

栽培管理：管理粗放，花后适量修枝整形，并施以少量肥料。注意对病虫害的防治。

园林用途：适于庭园观赏、花篱、丛植、花境、可布置草坪及小路角隅等处，或种植于门庭两侧。

七、棣棠 [*Kerria japonica (L.)DC.*]

别名：蜂棠花

科属：蔷薇科棣棠属

形态特征：高1～2米，小枝绿色，披散状。叶片卵形至卵状披针形，边缘有极细齿。花金黄色，单生于侧枝顶端，花瓣5；花期4、5月份。瘦果，果期7、8月份。

生长习性：喜温暖湿润和半阴环境，耐寒性较差。适应性强，萌蘖性也强。

繁殖方法：常用分株、扦插和播种繁殖。早春进行，扦插者随剪随插。

栽培管理：适应性强，管理粗放。一般春季可将枯损的分蘖从根际剪除，可促进萌发，2～3年整株更新一次。

园林用途：枝叶翠绿细柔，金花满树，别具风姿，宜丛植于水畔、坡边、林下和假山旁，也可用于花丛、花境和花篱，还可栽在墙隅及管道旁，有遮蔽之效。

八、榆叶梅 [*Amygdalus triloba Lindl.*]

别名：小桃红、榆叶鸾枝

科属：蔷薇科李属

形态特征：落叶灌木，高3～5米。小枝细，无毛或幼时稍有柔毛。叶椭圆形至倒卵形。呈半球形的植株全部布满色彩艳丽的花朵，十分美丽且壮观。花期4月份。果熟期8月份。

生长习性：喜光，耐寒，耐旱，对土壤的要求不严，但不耐水涝，喜中性至微碱性、肥沃、疏松的沙壤土。

繁殖方法：播种或嫁接繁殖。种子沙藏后春播，嫁接砧木用实生苗或山桃。

栽培管理：忌湿耐旱，雨季要注意排水，落叶后要略加修剪，疏除弱枝、病虫枝等。

园林用途：在园林或庭园中宜苍松翠柏丛植，也可盆栽或做切花。

九、郁李 [*Prunus japonica Thunb.*]

别名：小桃红、秧李

科属：蔷薇科李属

形态特征：高约2米。小枝纤细而柔，冬芽极小，3枚并生。单叶互生，卵形或宽卵形，边缘有锐重锯齿。花与叶同时开放，2～3朵，粉红色或近白色。花期3、4月份。核果近球形，暗红色，有光泽；果熟期5、6月份。

生长习性：喜光，耐寒，也耐热，抗干旱，不怕水湿，对土壤要求不严，在肥沃湿润的沙质壤土中生长最好。

繁殖方法：播种、分蘖或扦插等繁殖。

栽培管理：管理粗放。在生长过程中，根部萌蘖力很强，需加控制，应经常清除，以保持优良株形。

园林用途：花朵繁密如云，果实深红，是园林中重要的观花、观果树种。宜丛植于草坪、山石旁、林缘、建筑物前，或点缀于庭园路边，或与棣棠、迎春等其他花木配植，也可作花篱栽植。

十、白玉兰 [*Magnolia denudata Desr.*]

别名：玉兰、望春花、玉兰花

科属：木兰科木兰属

形态特征：树高15～20米，冬芽密被淡灰绿色长毛。单叶互生。花先于叶开放，9瓣，芳香，碧白色，3月份开花。聚合果，6、7月份成熟。

生长习性：喜光，较耐寒，喜欢湿润肥沃的酸性土壤，爱高燥，忌低湿。

繁殖方法：以嫁接为主，用紫玉兰做砧木，秋季行切接。

栽培管理：枝条较少，不宜修剪。施肥不宜过多，否则生长过盛会影响开花。

园林用途：先花后叶，花色洁白，共9片，美丽且清香，早春开花时犹如雪涛云海，蔚为壮观。古时常在住宅的厅前院后配置，名为“玉兰堂”。也可在庭园路边、草坪角隅、亭台前后或漏窗内外、洞门两旁等处种植，孤植、对植、丛植或群植均可。

玉兰还有紫玉兰和二乔玉兰两个主要品种：

紫玉兰（*Magnolia liliflora Desr.*），又名木兰、辛夷、木笔、望春，丛生灌木，小枝绿紫色或淡褐紫色。花瓣6，紫红色；花萼3，绿色。

二乔玉兰（*Magnolia x soulangeana Soul*）是白玉兰和紫玉兰的杂交种，小枝紫褐色，形态介于二者之间。叶倒卵形，花外面淡紫色，里面白色，有香气，外面3瓣稍短。

十一、紫荆 [*Cercis chinensis Bunge*]

别名：满条红、老茎开花

科属：豆科紫荆属

形态特征：落叶乔木或灌木。单叶互生，全缘，叶脉掌状。花假蝶形，紫红色，5～8朵簇生在老枝和茎干上。荚果，扁圆形，近黑色。花期4—5月份。

生长习性：喜光，喜湿润肥沃土壤，耐干旱瘠薄，忌水湿，有一定的耐寒性。萌芽性强。

繁殖方法：播种或分蘖繁殖。主要以播种为主，播种前将种子层积沙藏，春播。

栽培管理：移植在休眠期进行，挖掘时带好土球。管理粗放。

园林用途：宜栽于庭园、草坪、岩石及建筑物前，用于小区的园林绿化，具有较好的观赏效果。

十二、锦带花 [*Weigela florida (Bunge)A.DC.*]

别名：五色海棠、山脂麻

科属：忍冬科锦带花属

形态特征：枝条开展，小枝细弱，有两行柔毛。叶椭圆形或卵状椭圆形，端锐尖，基部圆形至楔形，缘有锯齿，表面脉上有毛，背面尤密。花冠漏斗状钟形，玫瑰红色。蒴果柱形；种子无翅。花期4—6月份。主要品种有花叶锦带等。

生长习性：喜光，耐阴，耐寒。对土壤要求不严，能耐瘠薄土壤，但以深厚、湿润而腐殖质丰富的土壤生长最好，怕水涝。萌芽力强，生长迅速。对氯化氢等抗性强。

繁殖方法：常用扦插、分株和压条方法繁殖。以扦插为主，常在梅雨季用软枝扦插。

栽培管理：生长迅速，栽培容易，其花芽主要在一二年生枝上，所以宜在早春修去枯枝、老弱枝，每隔2—3年更新修剪一次。

园林用途：适宜庭园墙隅、湖畔群植，也可在树丛林缘作花篱、丛植配植，点缀于假山、坡地。

十三、琼花 [*Viburnum macrophalum Fort. f.keteleeri rehd.*]

别名：木绣球、聚八仙花

科属：忍冬科荚蒾属

形态特征：枝广展，树冠呈球形。裸芽，单叶对生，卵形或椭圆形，边缘有细齿。聚伞花序，周围是白色大型的不孕花，中间是可育花，形似绣球。核果椭圆形，先红后黑。花期4月份。果期9—10月份。

生长习性：为暖温带半阴性树种。较耐寒，能适应一般土壤，好生于湿润肥沃的地方。长势旺盛，萌芽力和萌蘖力均强。

繁殖方法：以扦插繁殖为主，梅雨季用半熟枝扦插。能结实的也可用播种繁殖。

栽培管理：耐修剪，可依树形修剪。虫害有蚜虫、大蓑蛾等，注意防治。

园林用途：其花好像群蝶戏珠，又似八仙起舞，仙姿绰约，洁白如玉，晶莹剔透。秋时果实鲜红，树种诱鸟，为优良的庭园绿化树种。

十四、迎春 [*Jasminum nudiflorum Lindl.*]

别名：金腰带

科属：木樨科茉莉属

形态特征：枝细长拱形，四棱形，绿色。三出复叶对生，小叶卵状椭圆形。花单生叶腋，黄色，先叶开放。花期2—4月份，通常不结果。

生长习性：喜光，稍耐阴，略耐寒，怕涝，在华北地区和河南鄢陵均可露地越冬，要求温暖而湿润的气候，疏松、肥沃和排水良好的沙质土，在酸性土中生长旺盛，碱性土中生长不良。根部萌发力强。枝条着地部分极易生根。

繁殖方法：以扦插繁殖为主，春季或梅雨季进行。

栽培管理：管理粗放，徒长枝酌量修剪。虫害较少，主要有蚜虫等为害，注意防治。

园林用途：枝条披垂，早春先花后叶，花色金黄，叶丛翠绿，园林中宜配置在湖边、溪畔、桥头、墙隅或在草坪、林缘、坡地。房周围也可栽植，可供早春观花。花、叶、嫩枝均可入药。

十五、金钟花 [*Forsythia viridissima Lindl.*]

别名：细叶连翘、黄金条

科属：木樨科连翘属

形态特征：枝条丛生，拱形下垂微有四棱状，髓心薄片状。单叶对生，椭圆形至披针形，先端尖，基部楔形，中部以上有锯齿，中脉及支脉在叶面上凹入，在叶背隆起。花深黄色，先叶开放，花期3—4月份。

另外有一种连翘（*F. suspensa*）小枝髓心中空，有时叶片3裂或者是3小叶复叶。

生长习性：属温带性树种。喜光，略耐阴。喜温暖、湿润环境，能耐干旱，但不耐水湿。较耐寒。对土壤适应性强，萌蘖力强。

繁殖方法：可用扦插、压条、分株和播种繁殖，以扦插为主。春季或梅雨季进行。

栽培管理：管理粗放，徒长枝酌量修剪。虫害较少，主要有蚜虫等为害，注意防治。

园林用途：花色金黄灿烂，是新春优良花木。可丛植于草坪、墙隅、路边、树缘，院内庭前以及悬崖石隙等处。一般以丛植为主，古时与梅、水仙、山茶并称为“雪中四友”，适于境栽或做盆景之用。

十六、紫藤 [*Wisteria sinensis Sweet.*]

别名：朱藤、招藤、招豆藤、藤萝

科属：豆科紫藤属

形态特征：落叶攀缘缠绕性大藤本植物，嫩枝暗黄绿色密被柔毛。一回奇数羽状复叶互生，有小叶7～13枚，卵状椭圆形。侧生总状花序，下垂状，花紫色或深紫色；花期4—5月份。荚果扁圆条形，密被白色绒毛，种子扁球形、黑色；果熟8—9月份。

生长习性：对气候和土壤的适应性强，较耐寒，能耐水湿及瘠薄土壤，喜光，较耐阴。以土层深厚，排水良好，向阳避风的地方栽培最适宜。主根深，侧根浅，不耐移栽。生长较快，寿命很长。缠绕能力强，对其他植物有绞杀作用。

繁殖方法：播种繁殖为主，春播，播前将种子烫种，使种皮变软，利于萌发。也可用扦插、压条或根接等。

栽培管理：种植地应尽量选择在阳光充足之处。夏季绿叶过密时，酌量修剪，尤其徒长枝应予以修剪。

园林用途：一般应用于园林棚架，春季紫花烂漫，别有情趣，常作为花架、绿廊等用，也适栽于湖畔、池边、假山、石坊等处，具独特风格，盆景也常用。

十七、丁香 [*Syringa oblata lindl.*]

别名：紫丁香

科属：木樨科丁香属

形态特征：落叶灌木或小乔木，高可达4米，枝条粗壮无毛。单叶对生，广卵形，通常宽度大于长度，全缘。圆锥花序，堇紫色，花期4月份。蒴果长圆形，顶端尖。

主要品种白丁香（*Syringa oblata* var. alba Hort. ex Rehd.），花白色等。

生长习性：喜欢阳光，稍耐阴，能耐寒，耐干旱，但怕水湿。喜湿润、肥沃、排水良好的土壤，也耐石灰质土。对多种有毒气体有抗性。

繁殖方法：播种、扦插、嫁接、压条和分株繁殖。以嫁接为主，砧木用女贞或小叶女贞，春季进行劈接。播种需将种子进行层积处理后春播。

栽培管理：丁香的管理，水肥很重要，防止过干过湿，肥料不宜过多。枝叶过密时应及时修剪，保持树冠通风透光。

园林用途：丁香是著名的观赏花木之一，欧美园林中广为栽植。常常种植在建筑物的南向窗前，开花时，清香入室，也可成丛种植在公园绿地等地方。

十八、石榴 [*Punica granatum* L.]

别名：安石榴

科属：石榴科石榴属

形态特征：落叶灌木或小乔木，高2～7米；枝常有针状刺。单叶对生或簇生，长椭圆状倒披针形，全缘。花有红、白、黄等色。花期5—6月份，多为朱红色，也有黄色和白色。浆果近球形，果熟期9—10月份。

生长习性：原产于伊朗，我国久经栽培。喜光，喜温暖气候，耐热，耐干旱，有一定的耐寒能力；喜肥沃和排水良好的土壤，在石灰质土上也能生长。萌蘖性强，耐修剪。

繁殖方法：常用扦插、分株和压条进行繁殖，以早春硬枝扦插为主。

栽培管理：因其萌蘖性强，冬季应剪去枯枝、老弱枝和过密枝等，以维持树冠整齐和良好的通风透光。对于根际萌蘖应及时剪去，对衰弱树可用重剪更新。

园林用途：树姿优美，枝叶秀丽，盛夏繁花似锦，色彩鲜艳；秋季硕果累累，可以孤植或丛植在庭园、公园的角落，或者对植在门庭的出处，列植在小道溪旁、坡地或建筑物之旁，也宜做成各种桩景和供瓶插花观赏。

十九、紫薇 [*Lagerstroemia indica* L.]

别名：百日红、满堂红、痒痒树

科属：千屈菜科紫薇属

形态特征：落叶灌木或小乔木，树干光滑，用手抚摸，树会微微颤动。幼枝略呈四棱形，稍成翅状。叶互生或对生，近无柄，椭圆形、倒卵形或长椭圆形。顶生圆锥花序，花紫红色，花瓣皱波状。花期6—9月份，果期7—9月份。主要品种有白花紫薇（cv. Alba）和开蓝紫色花的翠薇（cv.Rubra）。

生长习性：属亚热带树种。喜光，稍耐阴；喜温暖气候，耐寒性不强。耐旱，忌湿。喜肥沃、湿润而排水良好的土壤，能耐石灰质土。萌芽、萌蘖力强，耐修剪，寿命较长。

繁殖方法：播种、扦插、压条、分株和嫁接繁殖。以播种为主。

栽培管理：移植宜在萌动前进行，宜带土球。修剪在休眠期进行，可重剪。

园林用途：树姿优美，树干光洁，花色艳丽而花期特长，夏秋相连长可逾百日，是观赏佳品，既可用作庭园、公园、绿地的美化，也可用来盆栽观赏。

二十、八仙花 [*Hydrangea macrophylla* (Thunb.)Ser.]

别名：绣球花、草绣球、紫阳花

科属：虎耳草科八仙花属

形态特征：落叶灌木，高3～4米；小枝光滑，老枝粗壮，有很大的叶迹和皮孔。叶大而对生，浅绿色，有光泽，呈椭圆形或倒卵形，边缘具钝锯齿。八仙花花球硕大，初开为青白色，渐转粉红色，再转紫红色，花色美艳。花期6—7月份，每簇花可开2个月之久，花期长。

生长习性：原产于日本，喜温暖、湿润和半阴环境。不耐寒，喜湿润肥沃而排水良好的酸性土壤。萌蘖力强，对二氧化硫等抗性强。

繁殖方法：常用分株、压条、扦插和组培繁殖。以初夏的半软枝扦插为主。

栽培管理：冬季枝梢末常枯死，应在春前剪去，以促使新枝发生。八仙花以土壤酸碱度的变化而异，碱性土呈红色，酸性土呈蓝色。

园林用途：花形大，色艳丽，常在现代公园和风景区中成片栽植，形成景观。

二十一、木槿 [*Hibiscus syriacus* L.]

别名：槿树条

科属：锦葵科木槿属

形态特征：单叶互生，在短枝上也有2～3片簇生者，叶卵形或菱状卵形，通常三裂，边缘具粗锯齿或缺刻。花单生于枝梢叶腋，花单瓣。花期6—9月份。品种繁多，花色有白、红、蓝、紫等。

生长习性：喜光，能耐半阴。喜温暖湿润气候，不耐寒，耐湿，耐干旱瘠薄，萌蘖力强，耐修剪，抗性强。

繁殖方法：常用扦插和播种繁殖，以扦插为主，极易成活。

栽培管理：适应性强，管理粗放。有蚜虫、蓑蛾等为害，注意防治。

园林用途：木槿花期长，可配置在疏林下、路边或棚架边缘，或列植成花篱、花带等。

二十二、木芙蓉 [*Hibiscus mutabilis Linn.*]

别名：芙蓉花、拒霜花

科属：锦葵科木槿属

形态特征：树冠球形。无顶芽，侧芽小。小枝密生茸毛。单叶互生，卵圆状心形，掌状3～5裂，有时7裂，边缘钝锯齿，两面具星状毛。花大，单生枝端叶腋，花白色或淡红色；花期9—10月份。蒴果扁球形，密被黄色毛；果期10—11月份。

生长习性：喜温暖湿润和阳光充足的环境，不耐寒，不耐干旱，耐水湿。对土壤要求不严，但在肥沃、湿润、排水良好的沙质土壤中生长最好。对二氧化硫抗性特强，对氯气和氯化氢有一定抗性。

繁殖方法：繁殖可用扦插、分株或播种法进行。

栽培管理：冬季枝条常枯萎，应从根际剪除，让其翌春重新萌发。

园林用途：晚秋开花，花大而色丽，中国自古以来多在庭园栽植，可孤植、丛植于墙边、路旁、厅前等处。特别宜于配植水滨，开花时波光花影，相映益妍，分外妖娆，有“照水芙蓉”之称。植于庭园、坡地、路边、林缘及建筑前，或栽作花篱，都很合适。

二十三、蜡梅 [*Chimonanthus praecox* (L.)*Link*]

别名：腊梅、黄梅花

科属：蜡梅科蜡梅属

形态特征：落叶乔木，高可达5米，常丛生。单叶对生，近革质，椭圆状卵形至卵状披针形，先端渐尖，全缘。花单生，蜡黄色，花期12月份至翌年1月份，有浓芳香。瘦果多数，6—7月份成熟。

主要品种有素心蜡梅（*Chimonanthus praecox* cv. Luteus），花被片纯黄色，内部无紫色条纹。磬口蜡梅（var. Grandiflorus Makino），花大，深黄色，红心，花被片近圆形。

生长习性：喜光，耐阴，耐干旱，忌水湿，喜深厚而排水良好的中壤土，较耐寒。

发枝力强，耐修剪。

繁殖方法：常用嫁接、扦插、压条或分株法繁殖。嫁接用实生苗作砧木，以3、4月份叶芽刚萌动时进行切接为宜。分株法简便易用，早春进行。播种用秋播或沙藏后春播。

栽培管理：花后可以重剪，生长期适当整形。

园林用途：花黄如蜡，腊月早春开放，故得名。花时清香四溢，是我国特有的珍贵观赏花木。一般以孤植、对植、丛植或群植配置于园林与建筑物的入口处两侧和厅前、亭周、窗前屋后、墙隅及草坪、水畔、路旁等处，作为盆花桩景和瓶花也具特色。我国传统上喜欢配植南天竹，红果、黄花、绿叶交相辉映，可谓色、香、形三者相得益彰。

实训十一　木本花卉调查

一、实训目的及要求

使学生了解当地木本花卉的资源，熟悉木本花卉的市场销售情况。

二、实训材料与用具

数码相机、笔记本、笔。

三、实训调查内容

1. 调查木本花卉的种类和市场营销渠道。
2. 调查常见木本花卉的价格和销售情况。
3. 总结所调查木本花卉市场的特点。

四、作业

列出你调查的当地木本花卉的种类、价格和市场销售情况。你认为还需引进哪些木本花卉，以丰富当地的木本花卉资源？

思考与练习

1. 蜡梅和梅花有哪些不同？简述它们的园林用途。
2. 夏季开花的木本花卉有什么特点？简述它们的园林用途。
3. 简述木本花卉的繁殖栽培技术要点。
4. 比较金钟花和连翘的形态有什么不同？
5. 常见的春天开花的木本花卉有哪些？在园林绿化中怎样配置？举例说明。

第七章　温 室 花 卉

学习目标

◆掌握温室花卉的概念及其特点
◆掌握常见温室花卉的生态习性、繁殖栽培管理技术要点
◆能识别30种常见温室花卉，能熟练应用温室花卉并能独立完成栽培繁殖

第一节　概　　述

一、定义及分类

温室花卉是指原产热带、亚热带及南方温暖气候地区的花卉，这些花卉在冬季时必须放在温室内进行保护才能过冬，或者是在北方寒冷地区难以生存，所以栽培时必须要在温室里进行培养。我国地域辽阔，气候差异很大，在温室栽培条件下，各种花卉都可以在温度、湿度、光照和通风等方面满足要求。

温室花卉一般可以分为以下几类：

（1）一二年生花卉。如瓜叶菊、蒲包花、彩叶草等。

（2）多年生花卉。如非洲菊、四季秋海棠、君子兰、天竺葵、鹤望兰等。

（3）多肉多浆植物。是指在花卉的茎叶部分拥有非常发达的蓄水组织，是肥厚而又多汁的变态状的植物。如仙人掌科、景天科、番杏科等多种植物。

（4）其他温室花卉。如兰科植物、棕榈科植物、蕨类植物、凤梨科植物、食虫类植物等。

二、温室花卉的特点与调节措施

温室花卉栽培的最大特点，就是其生产过程基本上是在人控环境条件下进行的，受自然条件特别是外界气象条件变化的影响很小。使用性能良好、配套设施齐全的温室，通过人工调节，可以维持温室内部良好的微气候，创造出最适宜花卉生长的环境条件。

温室气候生态的主要特征是其封闭性，同时具有可控性。花卉生产中，种植管理者可根据花卉各个生长期的需要，以及市场需求，通过人工或相关环境控制设备对温室内微环境进行相应的调控，以达到最佳环境条件。但同时，温室设施中也易出现光照不足、湿度过大、二氧化碳供应不足等情况，导致温室栽培花卉生长虽快但不够健壮，抗逆性不强，花开不够繁茂，且容易发生病虫害。所以，温室栽培花卉必须进行通过人工调节来有效地改善温室内部的气候生态条件，其调节措施主要有以下几个方面：

1. 调节光照度

光照是植物生长不可或缺的元素之一。当温室内光照不能满足花木生长所需时，必须进行人工补光，以延长光照时间，提高光照度。补光措施主要用于长日照花卉，如蒲包花、小苍兰等，通过补光处理可使其提早开花。另外，冬季雨雪天光照不足，可采用人工补光促使花卉正常生长和开花。夏季往往光照时间过长，造成室温过高，光度过强，对喜阴开花植物生长不利，需用遮阳网来调节光照度，以达到最适状态。许多短日照花卉如菊花、一品红等，应用遮光的方法来缩短光照，达到提前开花的目的。遮光处理时间一般根据花卉种类而定。

2. 加强温室通风

温度调节是温室管理中的重要环节。一般只要室内温度超过花卉要求的温度时，就应打开门窗及时通风降温，尤其当外界温度超过15℃时，更应加大通风口，延长门窗的开启时间，且温度越高，越要加强通风换气。

3. 降低空气湿度

温室内湿度往往较外界高，因此要格外注意，保持温室内环境湿度处于有利于花卉生长的程度。在浇水上应根据见干见湿的原则进行，适当减少浇灌的次数，还要注意降低室内水分蒸发，改善通风条件，增加门窗的开启时间，保持室内的相对干燥。

4. 增加二氧化碳浓度

最适宜植物进行光合作用的二氧化碳浓度为空气中正常浓度的3～5倍。温室内补充二氧化碳，除了开窗通风，从大气中得到外，还可施用干冰。

5. 注意适温适花

热带的喜热花卉开始生长的下限温度为16～18℃，亚热带喜温花卉为8～12℃，而温带喜凉花卉在3～5℃左右就开始生长。种植者应按照花卉对温度的不同要求，使用不同类型的温室栽培；管理者则根据不同花卉的特点积极调整温室内温度，保证花卉的正常生长。在夏季高温时段，应采取湿帘降温、遮阳网遮阳降温等措施降低温室内温度；冬季则可用煤、天然气等燃料燃烧产生的热水、蒸汽或电能热加热温室，有条件的还可选择背风向阳的室址，改进温室的结构和类型，加强温室的透光保温性能等。一般情况下，白天应保持相对较高的温度，以利于花卉进行光合作用，夜间则保持稍低温度，促进代谢产物的运输并抑制呼吸。

6. 积极防病灭虫

对于温室花卉病虫害的防治，应采取以预防为主的综合防治措施，严禁带有病虫害的材料进入温室，定期对温室内进行灭菌消毒，包括门窗、地面及各种工具在内的全部温室环境；定期检查温室内花卉，发现病虫害及时处理。

三、温室花卉的栽培管理

温室花卉栽培有温室盆栽和温室地栽两种栽培方式。生产上以盆栽为主。

1. 上盆

（1）栽培基质。温室盆栽花卉在栽培时要求有类似原产地的生长环境。选择栽培基质时，不仅应考虑其固有的养分含量，而且要考虑它保持和供给植物养分的能力。所以，栽培基质必须具备以下两个基本条件：一是物理性质好，即必须具有疏松、透气与保水排水的性能。基质疏松、透气好才能有利于根系的生长，保水好，可保证经常有充足的水分供植物生长发育使用；排水好，不会因积水导致根系腐烂；此外基质疏松，质地轻，便于运输和管理。二是化学性质好，即要求有足够的养分，持肥保肥能力强，以供植物不断吸收利用。

1）培养土的种类。盆栽花卉根系受到容器的限制，因此培养土的好坏对盆花发育至关重要。一般田园土不是理想的栽培基质，不能满足生长的需要。理想的栽培基质，必须由人工配制的培养土来代替。常用来配制培养土的原料有：

① 腐叶土。腐叶土由树叶、杂草、稻秆等和一定比例的泥土、厩肥等层层堆积发酵而成。腐叶土有机质丰富，质地疏松。保水保肥性能良好。一般呈酸性反应，pH值为5.5～6。

② 泥炭。是古代低湿地区生长植物的残体，在淹水少气的条件下形成的松软堆积物。分解较差的泥炭，多为棕黄色或浅褐色。分解好的泥炭呈黑色或深褐色，风干后易粉碎。泥炭质地松软，透水透气及保水性能良好，其中含有腐殖酸，对促进插条生根很有利。pH值为4.5～6.5，是配制培养土的重要原料之一。

③ 园田土。最好是果园、菜园或种过豆科作物的表层沙壤土，它们具有一定的肥力，是调制培养土的主要原料之一。缺点是容易板结，透水性能差。北方园土pH值为7.0～7.5。

④ 河沙。河沙一般不含养分，在配制中主要起通气排水作用。pH值为6.5～7.0。

⑤ 树皮。主要是栎树皮、松树皮和其他厚而硬的树皮，具有良好的物理性能，能够代替蕨根、苔藓、泥炭作为附生性植物的栽培基质。使用时将其破碎成0.2～2厘米的块粒状，按不同直径分筛成数种规格：小颗粒的可以与泥炭等混合，用于一般盆栽观叶植物种植；大规格的用于栽植附生性植物。

⑥ 珍珠岩和蛭石。珍珠岩是粉碎的岩浆岩经高温处理（1 000℃以上）、膨胀后形成的具有封闭结构的物质。它是无菌的白色小粒状材料，有特强的保水与排水性性能，不含任何肥分，多用于扦插繁殖以及改善土壤的物理性状。蛭石是一种在1 000℃高温下膨胀而成的云母状含镁的水铝硅酸盐，具有质轻、疏松、能吸收大量水肥等优点。配制培养土可改良基质的通气和保水保肥性能。一般选用4～5毫米蛭石碎片配制培养土。

⑦ 松针土。由松、柏科针叶树的落叶长期堆积腐熟而成。松针土呈强酸性反应，pH值为3.5～4.0，腐殖质含量高，适于栽培喜酸性土的花卉。

⑧ 椰糠、锯末、稻壳类。椰糠是椰子果实外皮加工过程中产生的粉状物。锯末和稻壳是木材和稻谷在加工时留下的残留物。此类基质物理性能好，表现为质地轻、通气排水性能较好。可与泥炭、园土等混合后作为盆栽基质。但对于一些植物，使用这类基质时要经适当腐熟，以除去对植物生长不利的异物。

⑨ 泥炭藓、蕨根和蛇木。泥炭藓是苔藓类植物，是野生于高山多林湿地，经人工干燥后作为栽培基质。它质地轻、通气与保水性能极佳，在温室盆栽植物的栽培中应用很好，它也可作为包装材料。一些品种（如凤梨）单独用其种植效果很好，但它易腐烂，使用寿命短，一般1～2年即须更换新鲜的基质。

蕨根是指紫萁的根，呈黑褐色，不易腐烂。另外，桫椤的茎干和根也属这一类材料，常称作蛇木。桫椤干上长有黑褐色的气生根，呈网目状重叠的多孔质状态，质轻，经加工成板状或柱状，可作为蔓性或气根性室内盆栽植物生长的材料。但这种材料不易获得。

泥炭藓、蕨根和蛇木作为温室盆栽基质材料，既透气排水又保湿，但必须注意补充养分，以保证植物正常生长之需。

2）培养土的选择和配制。在配制一般培养土时，以各种成分按一定比例配合为依据，再根据花卉种类和特点调整比例，以适合其生长需求，肥料和腐殖质使用前必须充分腐熟。

盆栽花卉的培养土是用数种土配制而成的，不同种类的花卉，选用的土不同。即使同一种花卉，在不同的生长发育阶段，对培养土的要求也不相同，例如播种和幼苗移植用土，必须用疏松的土壤，不加肥分或只有微量的肥分。相反大苗或成年植株，则要求较致密的土质和较多的肥分。如：

① 一二年生草花播种用土比例为腐叶土5，园土3，河沙2。定植用土比例为腐叶土4，园土5，河沙1，骨粉0.5。

② 常绿木本花卉所用的培养土，在幼苗期间要求较多的腐殖质，大致比例为腐叶土4，园土4，河沙2；植株成长后，腐叶土的量应减少。

③ 喜酸性土的花卉如山茶、杜鹃、栀子等和大多数观叶植物培养上的比例为草炭土6，粗沙4，骨粉0.5。

④ 附生兰的培养土比例为棕皮或水苔4，蛭石1，珍珠岩（河沙）2。

⑤ 蕨类植物用培养土的比例为棕皮或水苔4，腐叶土4，河沙2。

上述几种培养土配制比例并非一成不变。在实际应用中，可根据植物要求和当地条件，因地制宜酌情调配。

3）培养土消毒。最简单的方法是把培养土用蒸汽蒸0.5～1小时，或用高压灭菌锅蒸

30分钟，病菌和害虫均能被杀死，冷却后即可装盆使用。而过度消毒，使土壤重金属分解，会对植物造成毒害。

另一种方法是用化学药品消毒。用50～100ppm的福尔马林浸泡2～4小时，或用漂白粉10～20ppm浸泡2～4小时。浸泡后排去药液，再用清水冲洗2～3次后使用。

（2）碱性土壤改良

1）增加有机质。选用疏松肥沃的土质加上充足的腐殖质和有机肥配成盆土，土壤中掺针叶土可对土壤进行改良。针叶土是由腐烂的松柏针叶、残枝等物沤制而成，为强酸性，一般的碱性土掺1/5或1/6的针叶土，即适合喜酸性的花卉盆栽用。

2）施硫黄粉。在1立方米土中掺入100～200克硫黄粉，其有效期可维持2～3年。

3）常施硫酸亚铁。每10立方米土中加硫酸亚铁1.5千克，对于黏重土壤，用量可增加1/3。

4）浇灌矾肥水。

5）经常施用有机液肥。用淘米水、喝剩的豆浆、牛奶等经1～2周的发酵，若夏季2～3天即可，稀释后浇灌。用150～200倍的食醋液浇灌，每隔15～20天浇一次，或加清水250～350倍于上午8:00前或下午5:00后喷洒叶面，每10天喷一次，连续喷3～4次即可使叶片由黄转绿。使用食醋时应注意，使用的醋必须是食用米醋，而不能用工业化学用醋，必须在早晨或傍晚喷洒，以免醋酸蒸发失效，必须结合其他肥料应用。

（3）上盆和换盆

1）上盆。将花苗由苗床或育苗器皿内带土团移出后，栽入花盆称为上盆。上盆前必须根据植株的大小或根系的多少来选用大小适当的花盆，切勿一味追求大盆。如果很小的花苗使用过大的花盆，每次浇水后盆土很难见干，特别在低温或冬季室内养护阶段，往往造成根系腐烂，同时占地过多，浪费室内面积。小株大盆还往往显得头轻脚重，使上下比例失调而不利于观赏。

上盆前首先要对幼苗进行整姿，剪去细弱技、病枝等。如果是高压苗，可根据盆栽要求对主干及分枝进行修剪。然后把选好的花盆底部放置一些碎瓦片或木炭（以利排水透气），填上一层基质，把植株放入盆内，根系尽量向四周伸展，填基质覆盖好根部，把植株轻轻向上提一提，并稍微轻压，应随填土随将盆土的四周捣实，这道工序如果忽略，虽经灌水盆土也不能充分落实，往往出现孔洞，对根系生长极为不利。

填土后应留出沿口2～3厘米，大盆应留出4～6厘米，以便于浇水。新上的盆土都很松，浇水时一定要用喷壶慢慢浇水，以防将表土冲成大坑。第一次浇满渗下后需再浇一次，最后浇至水从盆底流出为止，如果浇水不透，根系会被灼伤死亡。上盆后新芽未长出之前，不宜过多浇水，更不能浇肥，否则盆土过湿，容易烂根。一般掌握盆土干干湿湿、不干不浇的原则。平时可给枝叶多喷水。刚上盆的幼苗不能让阳光照射，抽芽后才能逐步移至有阳光或半阴下培植。

2）换盆。将盆株从原盆中取出称为脱盆。脱盆时不必用工具挖掘，主要有以下几种方法：

① 较小的花盆可用左手托住盆土的中央，将花盆反扣过来，并用右手的手掌向上搕打盆沿，可以很容易地使土团和花盆分离。

② 较大的中型花盆只用左手常无力将整盆托住，这时可用双手把花盆斜翻过来，将盆沿的一侧轻轻在土地上连磕数下，即可将土团脱出。对于一些有主干的木本中型盆花，脱盆也相当容易，可用手握住花木的主干，将它连盆提离地面，同时抬起一只脚在盆沿上连蹬几下，花盆就会脱开土团而落地。

③ 大型花盆脱盆比较困难，可将它们放倒后在地面滚动几圈，然后一人把住盆沿，另一人握住树冠上的主枝向外拉拽。

换盆是在原盆过小的情况下换入新的大盆，同时添加一部分新的培养土。观叶植物多是热带植物，生长迅速，活力旺盛，盆栽观赏时养分虽可不断给予补充，但由于根系不断伸长和衰老更新，而使有限的盆体很快就塞满，使透气性和排水性变差，植株“居住”环境变劣。此外，不断地浇水施肥，也会改变基质的物理性状和酸碱性。因此，要使盆花生长健壮，必须1年换盆一次，至少也要两年换盆一次。

（4）转盆与倒盆。转盆与倒盆是经常性的温室栽培措施。

1）转盆。由于单屋面温室光只从南面透入，温室花卉若在温室中摆放位置长时间不变，会因趋光性而产生偏冠现象，南北走向的双屋面温室因光线从四周透入，则偏冠现象不显著。在单屋面温室栽培时，为避免偏冠现象，应经常适时地转换花盆的朝向，以使生长均匀，株冠圆整。此外，经常转盆还可防止根系从盆孔中伸出长入土中。在生长季，一般草本花卉因生长较快，每周应转盆一次；木本花卉生长较慢，可10天左右转盆一次。

2）倒盆。倒盆的目的有二：其一，使植株均衡生长，由于盆株在温室中所处位置不同，致使光照、温度、湿度、通风等环境条件不均匀，从而生长地不均匀，应适时地调换盆花的位置，使它们均衡地生长，保持产品质量的一致性；其二，随着植株的生长，要不断地加大盆间距离，以利于通风透光和各项管理工作的顺利进行。

2. 盆花的浇水

（1）浇水的原则

1）浇水量

① 根据各类花卉对水分的不同需求，分别掌握“宁干勿湿、宁湿勿干、见干见湿、干透浇透”四项原则。

② 花卉在不同的生长发育阶段对水分的要求不同。休眠期和旺盛生长期，营养生长期、开花期、结果期都要灵活掌握。

③ 根据自然气候条件采取不同措施。春季逐渐增加浇水量，夏季达到最大，秋季逐渐减少浇水，冬季尽可能少浇水。

④ 根据花盆的大小、植株大小及培养土的保水性来决定。

观叶植物要保持土壤始终是潮湿状态，做到“宁湿勿干”；观花植物浇水不可过多，保持见干见湿。七八月份高温期保证土壤供水，多向叶面喷水，切勿浇大水以免烂根，十月份起逐渐减少浇水量，十二月至翌年三月份室内光照适宜，气温适中，保持土壤见干见湿可使花卉保持良好生长。春季气温回升后，浇水量要逐渐增加。

2）浇水时间。在一天之内浇水的最佳时间是清晨和傍晚，可以防止土温骤然下降而影响根系生长。在花卉孕蕾、开花初期高温中午浇冷水，也常易造成落蕾和落花。

3）水温和水质

① 水温：浇灌盆花的水温应和气温相接近，因此应提前将水放到水缸或水池内储存，特别在冬季温室养护阶段，水温和土温如果相差悬殊，则有伤根系。

② 水质：城市自来水含有氯气、氯化钙等，北方的水质又大多含碱，事先放水储存可以使氯气挥发，水温和气温接近时再浇花比较好，水温和气温的差距不要超过10℃，但这仍不能解决含碱的问题，对一些要求pH值很低的酸性土花卉，除应使用酸性土上盆外，还应用雨水、凉开水或经发酵的稀的酸性水来浇灌。

（2）浇水方法。一些怕水湿的花卉，就不能向叶面喷水，否则易引起腐烂。在种类繁多的盆花植物中，有些植物对水湿特别敏感，浇水不慎就会影响生长或开花，甚至造成死亡。如大岩桐、蒲包花、秋海棠的叶片淋水后往往腐烂，仙客来球茎顶部的叶芽、非洲菊的花芽淋水后都会腐烂而枯萎；兰科花卉在分株后，于新根长出之前如遇大水也会腐烂。这些特殊情况在浇水时都应注意，并把它们和其他花卉分开摆放，以便浇水时区别对待。

（3）确定盆花缺水的方法。确定盆花缺水的方法有两个：

1）根据植株的长相。在花卉栽培过程中，当水分不足时，即呈现萎蔫现象，叶片及叶柄皱缩下垂，特别是夏季中午，由于叶面蒸发量大于根的吸水量，常呈现暂时的萎蔫现象，此时若是它在温度较低、光照较弱和通风减少的情况下，就能较快恢复过来。

2）根据盆土的干湿。可以用手试探，用眼睛看，盆土表面干下面微潮，即应浇水；若表面较湿润可暂时不浇。陶盆也可用手敲盆声来判断盆土的干湿，声音清脆表示盆土已干，需浇水。如果习惯了，可搬起盆子，从盆的质量上判断盆土的干燥程度。

（4）盆花脱水的挽救方法。因漏浇或天气炎热等原因，造成盆土过干，叶片萎蔫。遇到这种情况不能立即浇大水，宜先将花盆移至半阴处，稍浇些水，并向叶面喷少量水，随着茎叶挺拔状态的恢复，再逐渐增加浇水量。如果立即浇大水，不仅不能使植株复原，反而有可能引起叶片枯黄脱落，甚至整株死亡。因为花卉萎蔫严重时根毛受到了损伤，吸水能力降低，只有形成新的根毛后才能恢复原来的吸水能力。同时由于萎蔫使细胞失水，遇水后细胞壁先吸水，原生质后吸水，如果一下子浇水过多，细胞壁就会吸水迅速膨胀，而原生质吸水速度较缓慢，结果就会造成质壁分离，损伤原生质，导致植株死亡。

3. 盆花的施肥

（1）施肥的原则和应注意的事项

1）盆花的施肥应根据花卉的种类、观赏目的以及花卉的不同生长发育阶段来灵活掌握。比如苗期需要氮肥较多，以促进植株快速成形，花芽分化和孕蕾阶段则需要较多的磷肥和钾肥。在选用肥料时，观叶类花卉不能缺氮，观茎类花卉不能缺钾，观花和观果类花卉不能缺磷，有时还需补充微量的硼，而酸性土花卉则必须供应可给态的铁等。

2）盆花用肥必须充分腐熟，否则它们会在盆土内腐熟分解，放出大量热能和氨等有害气体，同时招来蝇蛆和释放臭味，不但会伤害根系，还有碍盆花的陈设和卫生。在沤制有机肥料的过程中，应加入杀虫浓药，把一些地下害虫及蝇蛆提前杀死，以免将它们带入盆内。

3）盆花用肥应多种配合，不要单一施用，否则常发生某种营养缺素症。配合时应考虑到混合后的肥效和酸碱度，一些为花卉植物所必需的微量元素也应酌情施用。

4）施肥时的浓度不要过大，以稀施勤施为原则。基肥和土壤及其他腐殖质的混合比例不要超过2:8。有机液肥在追肥时，其浓度不要超过5%。化肥的施用浓度不要超过0.2%。过磷酸钙的有效成分较低，追施时的浓度可达到1%。在追施有机液肥时常把它们泡在缸内沤制，然后取肥液加清水稀释后向盆内浇灌，这时初次掏取的肥液都非常浓，加水量要大，以后向肥缸内又注入新水继续沤制，肥液逐渐变稀，因此施用时加水量要逐渐减少。

5）肥料的酸碱度关系到养花的成败，特别是酸性土花卉，人粪尿、未充分腐熟的堆肥和厩肥、马蹄片、尿素、草木灰等都呈碱性反应，因此不能施用，而应施用麻酱渣、硫酸铵、磷酸二氢钾和鸡鸭粪等。

6）施肥应在晴天进行，但不要在中午烈日当头时追施，应在傍晚进行。为了防止肥料在盆土表面结皮，施肥前应签盆松土，以便于肥液下渗。施肥后前几天的浇水量不要太大，以免肥液从花盆底孔流失，但在追施肥液时，一定要将盆土充分浇透，还要避免将肥液滴在叶片或花朵上，否则会将它们烧伤。

（2）施肥的方法

1）基肥。在栽植以前混入基质中的肥料，可在整个生长过程中陆续释放出来，大部分是固体状的，如厩肥、过磷酸钙、兽蹄片或骨块等。盆花在施用有机基肥时，都应和培养土混合均匀。在栽培水生花卉时，基肥都不和盆土相混合，而将它们平铺在盆土的下层，再用土将肥料和宿根隔开。

2）追肥。在花盆内干施追肥害多利少，一方面由于盆土内根系稠密，不容易将它们翻入土内；另一方面还常常造成盆土表面结成粪皮，以致发霉并放出臭味，使盆花无法陈设。在盆表撒施化肥因浓度很难掌握，常常会使根系脱水而受害，因此都应追施液肥。充分腐熟后的有机液肥臭味不强，经过松土，几天以后就可以用于陈设或出售。

3）根外施肥。目前在施用一些无机化肥和微量元素时，常把它们稀释到0.05%～0.1%的浓度，然后用超微量喷雾器喷到叶片的背面以及没有开放的幼小花蕾上，可使花卉快速吸收，又能节约肥料，避免流失。喷肥不要在暴烈的阳光下进行，这时叶片为减少蒸腾气孔大多关闭，不能将肥液立即吸收，以至肥液内的水分很快蒸发掉而失去肥效。

尿素、磷酸二氢钾、硼酸等都适用于根外施肥，还可加入其他一些微量元素一同施用，或者混入一些杀虫、杀菌剂，结合病虫害防治进行。过磷酸钙也可进行根外施肥，施用前先用10倍的清水浸泡一昼夜，然后取上面的澄清液再加入50～100倍水稀释后喷布。

（3）施肥的次数和时间。盆养花卉的施肥在一年当中可分为三个阶段：基施应在春季出温室后结合翻盆换土一次施用。第二阶段是在生长旺盛季节和花芽分化期至孕蕾阶段进行追肥，根据植株的大小、着花部位的多少以及耐肥力的强弱，可每隔6～15天追肥一次。第三阶段在进入温室前进行，但要区别对待，对一些入室后仅仅为了越冬储藏的花卉都不再施，而对一些需要在温室催花以供元旦或春节使用的盆花，则应在入室后至开花前继续追肥。

就一年来讲，春末夏初花卉生长迅速，同时进行花芽分化和孕蕾，因此是追肥的主要时期。一些秋季大量开花的花卉，它们的花芽分化大多从立秋开始，因此从九月上旬开始应加强追肥。夏季伏天和冬季温室养护阶段，多数花卉多处于休眠和半休眠状态，必须停止追肥，否则容易造成根系发霉腐烂。

第二节　常见一二年生温室花卉栽培

一、彩叶草 [*Coleus blumei benth.*]

别名：五色草、洋紫苏、锦紫苏、老来俏

科属：唇形科鞘蕊花属

形态特征：多年生草本或亚灌木，作一年生栽培。株高30～50厘米，茎四棱，基部木质化。叶对生，卵形或圆形，质薄，有深粗齿。尾尖，叶色有黄、红、紫、橙、绿等色相间。花型小，穗状轮生花序自枝顶抽生，花期11—12月份。

生长习性：喜温暖湿润的气候条件。不耐寒，夏季高温时稍加遮阴，喜充足阳光，光线充足能使叶色鲜艳。对土壤要求不严，能耐轻碱土，喜富含腐殖质、排水良好的沙质壤土。

繁殖方法：播种或扦插繁殖。播种多春、秋两季进行，温室中也可冬季播种，夏季因高温易烂苗而较少播种。扦插一年四季均可进行，极易成活。也可结合植株摘心和修剪进行嫩枝扦插。

栽培管理：应保持盆土及环境经常湿润适度，忌干旱，防积涝，以免叶片脱水失色，根系感染软腐病。光照柔和充足，叶色艳丽显著，但忌盛夏晴空烈日强光直射致叶面粗糙失去光泽度。而在蔽荫环境条件，叶色也不鲜艳。彩叶草盆栽之时，幼苗期应多次摘心，以促发侧枝，使之株形饱满。花后，可保留下部分枝2～3节，其余部分剪去，重发新枝。

园林用途：彩叶草叶色娇艳多变，是目前常见的观叶植物。盆栽是窗台室内绿化佳品，也是配置露地花坛的理想材料。

二、报春花 [*Primula malacoides franch.*]

别名：年景花、樱草、 四季报春

科属：报春花科报春花属

形态特征：多年生草本植物，常作一二年生栽培。叶基生，全株被白色绒毛。叶椭圆形至长椭圆形，叶面光滑，叶缘有浅被状裂或缺，叶背被白色腺毛。花葶由根部抽出，顶呈伞形花序，高出叶面。有柄或无柄，全缘或分裂；花通常2型，排成伞形花序或头状花序，有时单生或成总状花序；花冠漏斗状或高脚碟状，长于花萼，裂片5。花期冬春两季，花有深红、纯白、碧蓝、紫红、浅黄等色，多数品种花还具有香气。蒴果球状，种子细小，褐色，果实成熟时开裂弹出。

生长习性：不耐寒，喜温暖，不耐高温和强烈的直射阳光，较耐湿，喜排水良好、富含腐殖质的土壤。

繁殖方法：播种或分株繁殖。一般以播种为主，种子细小可不覆土，寿命短，最好采后即播。秋季可进行分株繁殖。

栽培管理：秋季根据植株大小，定植盆中，盆中拌以基肥，栽时根颈部不能埋入土中。生长要放置于空气流通、阳光不直射的荫棚或屋檐下。开花期宜适当增施肥料有利于结实，但在大部分花谢后即停止施肥。结实期间，注意通风，保持干燥，如湿度过大则结实不良。

园林用途：可用作花坛、花境、盆花、切花及岩石园布置。

三、蒲包花 [*Calceolaria herbeohybrida Voss*]

别名：荷包花

科属：玄参科蒲包花属

形态特征：一二年生草本，株高25～40厘米，茎叶有茸毛。叶卵形或卵状椭圆形，淡绿或全黄绿色。花呈聚伞状，花冠形似2个囊状物，由上下两唇组成，上唇小，直立，下唇膨大似荷苞。柱头在两个囊状物中间，两边各有1枚雄蕊。蒴果内含种子多数。种子细小，花期2—5月份。

生长习性：喜温暖、湿润、凉爽、通风良好的环境，稍耐寒，怕暑热。喜阳光充足，但夏季须遮阴。生长适宜温度在7～15℃之间，15℃以下花芽分化，15℃以上利于营养生长，温度高于29℃时，不利生长和开花，对栽培土壤要求严格，以排水良好、富含腐殖质的沙质壤土为好。以微酸性土壤（pH=6.0）为宜。

繁殖方法：主要为播种繁殖。八、九月播种，过早易因高温、高湿而烂苗；过迟则苗生长量不够而使株型太小。直接撒播，不覆土，维持13～15℃，播后约1周出芽。

栽培管理：蒲包花忌干怕湿，栽培环境还应保持较高的空气湿度，一般以80%以上的空气相对湿度为宜。生长期注意通风和遮阴，防止虫害发生和灼伤叶片。施氮肥，但不能过量，否则易引起茎叶徒长和严重皱缩。当抽出花枝时，增施1～2次磷钾肥。同时，对叶腋间的侧芽应及时摘除，否则侧生花枝过多，不仅影响主花枝的发育，还造成株形不正，缺乏商品价值。

园林用途：由于花型奇特，色泽鲜艳，花期长，观赏价值很高，蒲包花是冬季及早春主要观赏花卉之一，可作室内装饰点缀，置于阳台或室内观赏。

四、瓜叶菊 [*Senecio cruentus DC.*]

别名：千日莲、瓜叶莲

科属：菊科千里光属

形态特征：多年生草本，多作一二年生栽培。茎粗壮，全身被毛。叶大，三角状心形，叶柄粗壮，有槽沟，基部抱茎。头状花序多数，簇生成伞房状，花色丰富。花期12月份至翌年4月份，盛花期3—4月份。瘦果纺锤形，具纵条纹，并有白色冠毛。

生长习性：喜温暖湿润、通风凉爽的环境，冬惧严寒，夏忌高温，适宜于低温温室或冷室栽培。夜间温度保持在5℃，白天温度不超过20℃，严寒季节稍加防护，以10～15℃的温度为最佳。不耐高温，忌雨涝。生长期要求光线充足，空气流通，稍干燥的环境。但夏季忌阳光直射。喜富含腐殖质、疏松肥沃、排水良好的沙质壤土。

繁殖方法：多用播种繁殖，也可扦插繁殖。8月浅播于盆中，经6个月的栽培可开花。重瓣品种常用扦插繁殖，花后5、6月间进行，取茎基部萌发的强壮枝条作插穗。

栽培管理：瓜叶菊从播种到开花的过程中，需移植3～4次。当幼苗长出2～3片真叶时，进行第一次移植，可选用瓦盆移植；移栽后用细孔喷壶浇透水，浇水后，将幼苗置于阴凉处。当幼苗真叶长至4～5片时，进行第二次移植，当植株长到5～6片叶子时将顶芽摘除，留3～4个侧芽，最后7～8片叶时定植，并适当施以豆饼、骨粉或过磷酸钙作基肥。定植时要注意将植株栽于花盆正中，并保持植株端正。浇足水置于阴凉处，成活后给予全光照。瓜叶菊趋光性强，室内陈设，植株常倾斜，应常转盆使主茎保持直立。

园林用途：瓜叶菊是温室栽培中冬春季节特别是元旦、春节的代表性盆栽花卉，适用于家庭冬季室内环境点缀和公共场所室内摆花，产生景观效果，也可用于切花装饰。

五、非洲凤仙 [*Impatiens walleriana Hook.f.*]

别名：矮凤仙

科属：凤仙花科凤仙花属

形态特征：多年生草本。茎多汁，光滑，节间膨大，多分枝，在株顶呈平面开展。叶有长柄，叶卵形，边缘钝锯齿状。花腋生，1~3朵，花形扁平，花色丰富。四季开花。

生长习性：喜温暖湿润和阳光充足环境。不耐高温和烈日暴晒。土壤宜用疏松、肥沃和排水良好的腐叶土或泥炭土，pH值为5.5～6.0最合适。

繁殖方法：常用播种和扦插繁殖。室内栽培时，全年均可播种。扦插繁殖全年均可以进行，剪取生长充实的健壮顶端枝条，插入沙床，室温在20～25℃条件下，插后20天可生根，30天可盆栽。

栽培管理：移栽土壤必须高温消毒，否则幼苗容易发生病害。室内栽培时，湿度不宜过高。苗高10厘米时，摘心一次，促使萌发分枝，形成丰满株态，多开花。花后要及时摘除残花，以免影响观赏性，若残花发生霉烂还会阻碍叶片生长。

园林用途：长势旺盛，管理简单。适于盘盒容器、吊篮、花墙、窗盒和阳台栽培。

第三节 多年生温室花卉栽培

一、非洲紫罗兰 [*Saintpaulia ionantha wendl.*]

别名：非洲苦苣苔、非洲堇

科属：苦苣苔科非洲紫罗兰属

形态特征：多年生草本花卉。全身嫩肉质状并密被白绒毛，具极短的地上茎。叶片轮状平铺生长而组成莲座状，叶卵圆形，先端稍尖，长约6厘米，宽约5厘米，全缘。花梗自叶腋间抽出，花茎红褐色，花单朵顶生或交错对生，花被5裂，组成圆盘状，裂片卵圆形，花色有深紫罗兰色、蓝紫色、浅红色、白色、红色等，有单瓣也有重瓣，有的叶面带黄色花纹。花期很长，夏秋冬季均能连续开花。蒴果，种子极细小。

生长习性：喜温暖湿润又通风良好的环境，不耐寒，也不耐高温。适宜的生长温度为18～24℃。非洲紫罗兰喜光，喜空气相对湿度50%～80%。

繁殖方法：播种、分株或扦插繁殖，也可用组织培养法。9、10月份播种，在20～25℃的适温下，15～20天发芽。扦插一般用叶插法，5月份进行，把带有2～5厘米叶柄的叶片插入沙质土中，注意保湿，一般15天左右可生根。

栽培管理：生长期间浇水时要掌握待盆土稍白时才浇。浇水、施肥时要注意勿浇在叶片上。否则叶片会产生黄斑。光线不足，只长叶不开花；光照过强，叶面会出现黄斑。土壤浇水一般在室内每周2次。要求疏松肥沃、排水良好的腐殖质土，生长季节每周施肥一次，应施稀薄液肥，开花期应少施氮肥。

园林用途：非洲紫罗兰是世界著名小盆花之一。株形矮小雅致，花色艳丽，气质高雅，极适宜放在室内书桌几案陈列，有“室内花卉皇后”的美称。

二、蜘蛛抱蛋 [*Aspidistra elatior blume*]

别名：一叶兰

科属：百合科蜘蛛抱蛋属

形态特征：多年生常绿宿根草本花卉。株高40～60厘米。根状茎粗壮，横生于土壤表面。叶基生，丛生状；长椭圆形，深绿，叶缘波状；叶柄粗壮挺直而长。花单生短花茎上，贴近土面，紫褐色，外面有深色斑点。球状浆果，成熟后果皮油亮，外形好似蜘蛛卵，靠在不规则状似蜘蛛的块茎上生长，故得名“蜘蛛抱蛋”。

生长习性：适应性强。喜温暖、湿润的半阴环境。耐阴性及耐寒性较强，有“铁草”之称，可长期置于室内阴暗处养护，生长适温10～20℃，盆栽0℃不受冻害，叶色翠绿，

室外栽植能耐-9℃低温。对土壤要求不严，以疏松、肥沃壤土为宜。

繁殖方法：分株繁殖。早春新芽萌发之前，结合换盆进行。剪去枯老根和病残叶，带叶分割根状茎，每段带3～5个叶芽，即可分别上盆，浇足水，半年后长满盆。

栽培管理：生长期需薄肥勤施，水分充足，利于叶丛密集茂盛。夏秋高温干旱期，叶面需常喷水，加强通风，否则蚧壳虫侵蚀叶柄和叶背，使叶面点点黄斑；此时期阳光曝晒，极易造成叶面灼伤。室内放置半阴处时间过长及室内空气湿度过低，叶片缺乏光泽，发生黄化，并影响来年新叶萌发和生长，应定期更换至明亮处养护。尤其新叶萌发生长期，不宜光线太弱，否则叶片细长，失去观赏价值。

园林用途：叶片浓绿光亮，质硬挺直，植株生长丰满，气氛宁静，整体观赏效果好，耐阴，耐干旱，是室内盆栽观叶植物的佳品，还可做切叶。

三、鹤望兰 [*Strelitzia reginae aiton*]

别名：天堂鸟、极乐鸟花

科属：旅人蕉科鹤望兰属

形态特征：常绿宿根草本，高达1～2米。根粗壮肉质。茎不明显。叶对生，两侧排列，革质，长椭圆形或长椭圆状卵形。叶柄比叶片长2～3倍，中央有纵槽沟。花梗与叶近等长。花序外有总佛焰苞片，绿色，边缘晕红，着花6～8朵，顺次开放。外花被片3个，橙黄色，内花被片3个，舌状，天蓝色。花形奇特，色彩夺目，宛如仙鹤翘首远望。秋冬开花，花期长达100天以上。

生长习性：喜温暖湿润的气候，要求阳光充足，不耐寒，怕霜雪，冬季要求不低于5℃，生长18～24℃，夏季需在荫棚下生长，喜在富含有机质的黏质土壤中生长。

繁殖方法：播种繁殖：鹤望兰是典型的鸟媒植物。在我国一般栽培条件下，必须人工辅助授粉，才能结种子。成熟种子应立即播种，发芽率高。播种前种子用温水浸种。分株繁殖于早春换盆时进行，用于盆栽每丛分株不少于8～10枚叶片。大棚或温室栽培，每从分株叶不少于5～6枚，栽后放半阴处养护，当年秋冬就能开花。

栽培管理：夏季生长期和秋冬开花期需充足水分，早春开花后适当减少浇水量。所处位置宜通风良好，否则易滋生蚧壳虫。生长期以施有机液肥为主，花期停止施肥。花谢后，如不需留种，花茎应立即剪除，以减少养分消耗。

园林用途：盆栽鹤望兰宜摆放在宾馆、接待大厅和大型会议室，具清新、高雅之感。在南方可丛植院角，点缀花坛中心，同样景观效果极佳。也为重要切花。

四、百子莲 [*Agapanthus africanus hoffmg.*]

别名：紫君子兰、蓝花君子兰

科属：石蒜科百子莲属

形态特征：多年生草本。有根状茎。叶线状披针形，近革质。花茎直立，伞形花序，有花10～50朵，花漏斗状，深蓝色或白色，花药最初为黄色，后变成黑色。花期7—8月份。

生长习性：喜温暖、湿润和阳光充足环境。要求夏季凉爽、冬季温暖，5—10月份温度在20～25℃，11月份至翌年4月份温度在5～12℃。夏季避免强光长时间直射，冬季栽培需充足阳光。土壤要求疏松、肥沃的沙质壤土，切忌积水。

繁殖方法：常用分株和播种繁殖。分株在春季3、4月份结合换盆进行，将过密老株分开，每盆以2～3丛为宜。分株后翌年开花，如秋季花后分株，翌年也可开花。播种苗生长慢，需栽培4—5年才开花。

栽培管理：养护宜放在半阴湿润处，夏天要注意不让烈日直射，以免灼伤叶片，浇水以湿润为度，见干见湿，夏季尤要注意保证给予充足的水分，并要经常在植株及周围环境喷水增湿、降温。对于分株苗，更应给予充足的肥水，才能使其早开花。花后要摘去花并及时追施肥料。

园林用途：百子莲叶色浓绿，光亮，花形秀丽，适于盆栽作室内观赏，在南方置于半阴处栽培，可作岩石园和花径的点缀植物。

五、非洲菊 [*Gerbera jamesonii bolus*]

别名：扶郎花、灯盏花、秋英、波斯花、千日菊

科属：菊科大丁草属

形态特征：多年生草本，全株具细毛。茎短缩。叶呈莲座状基生，叶形长椭圆形，叶缘有浅裂。花茎从叶腋中抽出，单生，总苞盘状，钟形，花瓣1～2或多轮呈重瓣状，头状花序，花色有大红、橙红、淡红、黄色等。四季有花，春秋两季最盛。

生长习性：喜阳光充足、空气流通的温暖气候，生育适温为20～25℃，10℃以上可继续生长。0℃以下或35℃以上高温生长不良。土壤要求富含腐殖质、排水良好、pH值为6～6.5的疏松土壤。

繁殖方法：扦插或分株繁殖。扦插前将大株挖起，除去所有叶片，保留根颈部，栽于箱内，待萌发新芽后，将枝条根茎剥下扦插于基质中。分株繁殖于4、5月份将大株分割，新株需带有部分芽及根，另行栽植。播种繁殖春播或秋播，最好种子成熟后立即播种。

栽培管理：非洲菊为喜肥植物，定植时需施足基肥。只要温度适宜，一年四季均可开花，因而需在整个生育期不断进行追肥，以氮、磷、钾复合肥为主。生长期应充分供水，浇水时要注意叶丛中心不能积水。盆栽必须安排在光线充足位置，这样叶片生长健壮，花梗挺拔，花色鲜艳。光线不足，叶片瘦弱发黄，花梗柔细下垂，花小色淡。

园林用途：非洲菊为现代切花中的重要材料，矮生种可盆栽，也可于花坛、花境或树丛、草地边缘丛植。

六、虎尾兰 [*Sansevieria trifasciata prain beng.*]

别名：虎皮兰、千岁兰、虎尾掌、锦兰

科属：龙舌兰科虎尾兰属

形态特征：多年生常绿宿根花卉，具有匍匐的根状茎，每一根状茎上长叶2～6片，独立成株。叶片基生，直立，厚革质；叶纵向卷曲，成半筒状，其两面有隐约深绿色横条纹，似老虎尾巴。

生长习性：喜温暖、光照充足的干燥环境。生长适温20～28℃，不耐寒，冬季温度在8℃以上才能安全越冬。忌强光直射，耐半阴，忌通风不良。要求疏松透气、排水良好的沙质壤土。

繁殖方法：扦插或分株繁殖。叶插：切取叶片8～10厘米，稍晾干切口，插入沙土中2～3厘米深，10天即可生根。但是有彩色镶边品种的扦插苗，彩边易消失，常用分株繁殖，即在每年4、5月份，新芽已充分生长时，结合换盆切割根茎，每株带3～4片叶，分后立即上盆。

栽培管理：适应性强，管理简单。栽培用土应确保疏松透气，适量控制水分。一般栽后根系生长前不用浇水，使盆土处于干燥状态，否则土湿及长期低温极易造成植株茎部腐烂。夏季高温期，浇水淋湿叶片或空气湿度大时，叶上易发生褐色斑点，降低观赏价值。盆栽植株根茎在土中易密集卷曲，应用疏松、基肥充足的土壤，并配以深筒形盆栽植，生长良好。虎尾兰叶片顶部受伤，则停止生长，因此注意摆放在人不易触碰的场所。

园林用途：叶片直立，气质刚强，叶色常青，斑纹奇特，庄重而典雅，是良好的室内观叶植物，也是独特的切叶材料。

七、四季秋海棠 [*Begonia simper florens*]

别名：四季海棠、小叶海棠、瓜子秋海棠

科属：秋海棠科秋海棠属

形态特征：多年生草本花卉，须根纤维状。茎直立，多分枝，半透明略带肉质。叶互生，卵圆形至广椭圆形，边缘有锯齿，有的叶缘具毛，叶色有绿色和淡紫红色两种。花数朵聚生，多腋生，有重瓣种，花色有白、粉红、深红等。雌雄异花，蒴果，种子极细小，褐色。花期周年，但夏季着花较少。

生长习性：喜温暖湿润和阳光充足环境。耐半阴，既怕干燥又忌积水。宜疏松、肥沃和排水良好的沙质壤土。

繁殖方法：常用播种法繁殖，也可用扦插或分株法繁殖。播种繁殖在春秋两季均可进行，因种子特别细小，且寿命较短，隔年种子发芽率较低，因此用当年采收的新鲜种子播种最好。扦插繁殖则以春、秋二季进行为最好，插后保持湿润，并注意遮阴，2周后生根。分株繁殖多在春季换盆时进行。

栽培管理：生长期需水量较多，经常进行喷雾，保持较高的空气湿度，平时盆土不宜过湿，更不能积水。有枯枝黄叶及时修去，花后应打顶摘心，以压低株高，并促进分株。夏季怕强光暴晒和雨淋，冬季喜阳光充足，如果植株生长柔弱细长，叶色花色浅淡发白，说明光线不足；若光线过强，叶片往往卷缩并出现焦斑。植株生长矮小，叶片发红是缺肥的症状，可视情况分别加以处理。

园林用途：四季秋海棠植株低矮，株型优美，盛花时，植株表面为花朵所覆盖；花色丰富，色彩鲜艳，是夏季花坛、花柱、花球的重要材料。

八、吊兰 [*Chlorophytum comosum (Thunb.)Jacques*]

别名：桂兰、葡萄兰、钓兰、树蕉瓜、折鹤兰

科属：百合科吊兰属

形态特征：多年生常绿草本。根呈肉质块状，具根茎。叶基生，细长，条形或条状楷针形，基部抱茎。叶丛中常抽生细长花葶，花后成匍匐枝下垂，并于节上滋生带根的小植株，总状花序，花白色。花期夏、冬两季。蒴果圆三棱状扁球形。

生长习性：喜肥沃的沙质壤土，喜温暖、潮湿、充分光照或半阴环境。生育适温20～30℃，春末至夏季为生育盛期。不耐寒，越冬保温8℃以上。夏季忌强光直射。

繁殖方法：以无性繁殖为主，可用分株或剪取茎上的幼苗栽植，春夏秋三季均能育苗。也可将花盆盛满栽培介质，放置于成株四周，把长匐匍茎牵引到盆上。经过一段时间，待长匐茎上的幼苗发根成长后，再从母株上分开即成新苗。

栽培管理：盆栽用肥沃的沙质壤土。日常管理要保持充足水分，干湿交替。生长季节施以氮肥为主的液肥，腐熟有机肥更佳。见有枯叶要及时剪除。如遭强光暴晒，叶色易变白绿，影响观赏效果。夏季应移至荫棚下养护，并保持盆土湿润。低温期减水停肥。冬季寒冷地区需温暖避风，可入室养护。

园林用途：一般多用以盆栽，置几架阳台，或悬挂室内。温暖地区还可植树下做地被。

九、吊竹梅 [*Zebrina pendula schnizl.*]

别名：吊竹兰、斑叶鸭跖草、花叶竹夹菜、红莲、鸭舌红

科属：鸭跖草科吊竹梅属

形态特征：多年生常绿宿根花卉。茎细长，肉质，茎节膨大，多分枝，盆栽时枝叶下垂。叶片单生茎节上，基部抱茎，无叶柄。叶片长卵形，叶面绿色，有两条宽阔银白色纵条纹。雌雄同株，花生于2片紫红色叶状苞内，小花数朵簇生，夏季开花。果为蒴果。

生长习性：喜温暖、湿润的半阴环境。生长适温18～22℃，不耐寒，怕炎热，冬季温度保持8℃以上不受冻害；忌强光曝晒，耐阴性强；不耐旱，耐水湿；喜肥沃、疏松、排水良好的腐殖土，也耐瘠薄。

繁殖方法：常用扦插繁殖。全年均可进行扦插，剪取茎蔓，去掉下部叶片，直接用培养土扦插盆栽。也可剪取中部茎段，直接插入清水，约10天生根。

栽培管理：适应性强，栽培管理简单。新栽植株成活后可多次摘心，促发分枝，丰

满株形。栽植时间久的植株，基部叶片会逐渐枯黄脱落，尤其盆土、空气湿度干燥，会加重此现象。可结合春季换盆，将老蔓缩剪至基部，清除过多须根，更换新土，上盆养护，待新芽萌生后，追肥浇大水，迅速成型。

园林用途：枝繁叶茂，四季常青，株形丰满秀美，茎蔓匍匐下垂，适用于盆栽或吊盆悬挂观赏，布置几架、窗台、书柜、门厅之上，任其自然悬垂，披散飘逸。也可瓶栽水养。

十、君子兰 [*Clivia miniata Regel*]

别名：大花君子兰、剑叶石蒜、达木兰

科属：石蒜科君子兰属

形态特征：多年生常绿草本，基部具叶基形成的假鳞茎，根肉质纤维状。叶二列迭生，宽带状，端圆钝，边全缘，剑形，叶色浓绿，革质而有光泽。花茎自叶丛中抽出，扁平，肉质，实心，长30～50厘米。伞形花序顶生，有花10～40朵，花被6片，组成漏斗形，基部合生，花橙黄、橙红、深红等色。浆果，未成熟时绿色，成熟时紫红色，种子大，白色，有光泽，不规则形。花期12月份至翌年5月份，果熟期7—10月份。

生长习性：喜温暖而半阴的环境，忌炎热，怕寒冷。生长适温为15～25℃，低于5℃生长停止，高于30℃叶片薄而细长，开花时间短，色淡。生长过程中怕强光直射，夏季需置荫棚下栽培，秋、冬、春季需充分光照。栽培过程中要保持环境湿润，空气相对湿度70%～80%，土壤含水量20%～30%，切忌积水，以防烂根，尤其是冬季温室更应注意。要求土壤深厚肥沃、疏松、排水良好、富含腐殖质的微酸性沙壤土。

繁殖方法：可采用分株或播种繁殖，以播种为主。分株每年4—6月进行，分切叶腋抽出的吸芽栽培。切后在母株及小芽的伤口处涂杀菌剂。幼芽上盆后，控制浇水，置荫处，半月后正常管理。播种繁殖在种子成熟采收后即进行，因君子兰种子不能久藏。盆播种子盆土要疏松、富含有机质，播后用玻璃或塑料薄膜覆盖。

栽培管理：君子兰生长势强健，栽培管理简便，但冬季温度不要太高，否则影响休眠；夏季光照不宜太强，以免影响花蕾。为使叶片“侧视成线，正视如开扇”，应每周调换一次方位，使叶片轴方向迎着光线。受阳光暴晒，叶片颜色会发暗红以至枯焦。在花葶抽生期温度低，土壤干燥，易产生“夹箭”现象，所以，此时要保持土壤湿润。花后如不采种，可将花茎剪除。

园林用途：花、叶、果兼美，观赏期长，叶片青翠挺拔，高雅端庄，花亭亭玉立，仪态文雅，而且色彩绚美，是布置会场、厅堂、美化家庭环境的名贵花卉。

十一、天竺葵 [*Pelargonium hortorum bailey*]

别名：石蜡红、入蜡红、洋绣球

科属：牻牛儿苗科天竺葵属

形态特征：多年生草本，基部稍木质化。茎多汁，全株有特殊气味。叶互生．圆形至心脏形，边缘为钝锯齿，浅裂。伞形花序生于嫩枝上部，有总苞，花序梗长，花蕾下垂。小花数朵至数十朵，花色有红、白、粉红、橙黄等。雄蕊5枚，子房上位。自然花期长，11月份至次年5月份开花。果为五分果，成熟时裂开卷曲。

生长习性：性喜温暖湿润和充足阳光，怕积水和霜雪，稍耐干燥，不喜高温。冬春生长期间需阳光充足，不要荫蔽；夏季高温时，叶黄并脱落，呈半休眠状态，要遮阴，不要积水。要求排水良好、富含腐殖质的土壤。

繁殖方法：常用播种或扦插繁殖。播种或扦插均以春、秋季为好。春天播种可当年开花，秋播则翌年夏季开花。扦插以顶端嫩枝最好，切口宜稍干燥后再插，插好后应置于半阴处，并使室温保持在13～18℃，插后2周生根。

栽培管理：盛夏高温时应严格控制浇水。花谢后需及时摘去花枝，促进新花枝的发育和开花。为了保持株形，应进行修剪，剪去多余过密的枝条，并根据需要整形。或用B9或CCC等矮化剂处理，植株可矮化、花大、色艳。

园林用途：适于盆栽室内装饰点缀或花坛布置，也可露地散植装饰岩石园或切花。

第四节 仙人掌及多肉多浆植物栽培

一、金琥 [*Echinocactus grusonii hildm.*]

别名：象牙球

科属：仙人掌科金琥属

形态特征：茎球形，深绿色，多棱。刺窝甚大，刺多而密，金黄色扁平硬刺放射状，顶端新刺座上密生黄色绵毛。花着生于茎顶，长4～6厘米，黄色。花期6—10月份。

生长习性：性强健，要求阳光充足，夏季应置于半阴处。不耐寒，冬天温度维持8～10℃。喜含石灰质的沙砾土。

繁殖方法：金琥易于播种繁殖，种子发芽容易，但种子不易取得。扦插和嫁接繁育也容易，但不易产生小球。嫁接常用量天尺作砧木，接于较长的砧木上，生长快些。将带砧木的切下扦插，使不伤球体，也更易生根。

栽培管理：欲使金琥快速生长成大球，应注意肥水供给，在生长期施含磷为主的肥料。金琥生长快，每年需换盆一次，翻盆的适宜时间为植物休眠期结束至生长旺盛期到来之前。栽培的培养土应用肥沃而富含石灰质的沙壤土，并剪去一部分老根。栽培时需通风良好及阳光充足，夏季给予适当遮阴。

园林用途：金琥形、刺兼美，适合单株盆栽观赏。还可建成专类园。

二、仙人掌 [*Opumtia dillenii (Ker-Gawl.)Haw.*]

别名：仙巴掌、火焰、火掌

科属：仙人掌科仙人掌属

形态特征：多年生常绿肉质植物。茎直立扁平多分枝，扁平枝密生刺窝，刺的颜色、长短、形状数量、排列方式因种而异。花色鲜艳，花期四至六月份。肉质浆果，成熟时暗红色。

生长习性：喜温暖和阳光充足的环境，不耐寒，冬季需保持干燥，忌水涝，要求排水良好的沙质土壤。

繁殖方法：常用扦插繁殖，一年四季均可进行，以春、夏季最好。选取母株上成熟的茎节，用利刀从茎基部割下，晾1～2天，伤口稍干后，插入湿润的沙中即可。也可用嫁接或播种法繁殖，但因扦插繁殖简易，所以嫁接和播种不常使用。

栽培管理：培养土可用等量的园土、腐叶土和粗沙配制，并适当掺入石灰少许；也可用腐叶土和粗沙按1:1比例混合作培养土。植株上盆后置于阳光充足处，尤其是冬季需充足光照。仙人掌较耐干旱，但不能忽视必要的浇水，尤其在生长期要保证水分供给，并掌握“一次浇透，干透再浇”的原则。生长季适当施肥可加速生长。秋冬植株处于半休眠状态，应节制浇水、施肥，保持土壤适当干燥即可。

园林用途：仙人掌姿态独特，花色鲜艳，常做盆栽观赏。

三、蟹爪兰 [*Zygocactus truncactus* (Haw.) Schum.]

别名：螃蟹兰、圣诞仙人花、蟹爪莲

科属：仙人掌科蟹爪兰属

形态特征：多年生常绿草本花卉。茎多分枝，常成簇而悬垂；茎节扁平，幼时紫红色，以后逐渐转为绿色或带紫晕；边缘有2～4个突起的齿，无刺，老时变粗为木质。花着生于茎节先端，花略两侧对称，花瓣张开翻卷，多淡紫色，有的品种还有粉红、深红、黄、白等色。花期通常12月至翌年3月间。

生长习性：喜温暖、湿润及半阴的环境。喜排水、透气性能良好、富含腐殖质的微酸性沙质壤土。不耐寒，越冬温度不低于10℃。

繁殖方法：常用扦插和嫁接法繁殖。扦插繁殖在温室一年四季都可进行，但以春、秋两季为最好。剪取成熟的茎节阴干1～2天，待切口稍干后插于沙床，保持湿润环境即可。嫁接在春、秋两季的晴天进行。常用三棱箭、仙人掌作砧木。取生长充实的蟹爪兰2～3节作接穗，进行髓心嫁接。

栽培管理：要注意肥水管理，浇水要视具体情况，全年大部分时间要保持土壤湿润，盆土不可过干、过湿，否则会造成花芽脱落。要特别注意施花前肥，但不施浓肥。为保持盆土排水良好，每年可在花后进行翻盆。翻盆时施足基肥。夏季要遮阴、避雨，通风良好。蟹爪兰茎节柔软下垂，盆栽时应设立支架并造型，使茎节分布均匀，提高观赏价值。

园林用途：蟹爪兰枝繁花丽，是冬春优良盆栽观赏花卉，适合于窗台、门庭入口处和展览大厅装饰。

四、令箭荷花 [*Nopalxochia ackermannii kunth.*]

别名：孔雀仙人掌、孔雀兰

科属：仙人掌科令箭荷花属

形态特征：灌木状，形似昙花。主杆细圆，分枝扁平，叶片状，有时三棱，边缘具疏锯齿、齿间有短刺，中脉明显，并具气生根。花着生在茎先端两侧，花大而美，白天开放，花色有紫、粉、红、黄、白等。花期4月份。

生长习性：喜温暖、湿润气候及富含腐殖质的土壤，不耐寒。

繁殖方法：扦插繁殖，温室内一年四季均可进行，以5—9月份最好。取两年生叶状枝，剪下后阴干1～2天，待切口稍干后插于沙床，保持湿润，20～30天生根。

栽培管理：生长期要求湿度较大，需勤浇水，增加喷雾。生长期每半月施一次稀薄液肥，现蕾期增施一次磷肥，促使花大色艳。夏季需遮阴，冬季需阳光充足。冬季保持室温10℃左右。由于令箭荷花变态茎柔软，须及时用细竹竿作支柱，最好扎成椭圆形支架，将变态茎整齐均匀地分布在支架上加以捆绑。这样既可防止折断，又利于通风透光，及时摘除分枝、抹去不必要的侧芽，注意用剪刀齐顶，不要在顶端在长新芽。使株型匀称美观。

园林用途：以盆栽观赏为主，用来点缀客厅、书房的窗前、阳台、门廊，为色彩、姿态、香气俱佳的室内优良盆花。

五、昙花 [*Epiphyllum oxypetalum (DC.)Haw.*]

别名：月下美人、昙华、月来美人、夜会草、鬼仔花、韦陀花

科属：仙人掌科昙花属

形态特征：多年生灌木。无叶，主茎圆柱形，木质；分枝扁平呈叶状，肉质，长阔椭圆形，边缘具波状圆齿。刺座生于圆齿缺刻处，无刺。花着生于叶状枝的边缘，花大，重瓣，近白色。花期7—8月份，一般于夜间21时左右开放，每朵花仅开放几小时。

生长习性：喜温暖、湿润及半阴的环境，不耐暴晒。不耐霜冻，冬季能耐5℃以上的低温。要求排水透气良好，含丰富腐殖质的沙质壤土。

繁殖方法：以扦插繁殖为主，在温室内一年四季都可进行，但以四至九月为最好。选用健壮肥厚的叶状枝，长20～30厘米插入沙床，3周后生根。播种繁殖常用于杂交育种。

栽培管理：上盆栽植时应施足基肥，在生长期每半月施一次腐熟的饼肥水。现蕾期增施一次磷、钾肥。阳光过强则使叶状枝萎缩、发黄。应保持良好的通风条件，还应注意防积水。昙花叶状枝柔软，盆栽时应设立支架，并注意造型，提高观赏价值。昙花夜间开放不便观赏，欲使白昼开放，可用颠倒昼夜法。

园林用途：盆栽适于点缀客室、阳台和接待厅。在南方可地栽。

六、芦荟 [*Aloe vera* L.]

别名：卢会、讷会、象胆、奴会

科属：百合科芦荟属

形态特征：常绿、多肉质的草本植物。叶肉质簇生，肥厚多汁，呈座状或生于茎顶，叶常披针形或叶短宽，边缘有尖齿状刺。花序为伞形、总状、穗状、圆锥形等，色呈红、黄或具赤色斑点。花被基部多联合成筒状。

生长习性：喜高温湿润气候，喜光，耐旱，忌积水，怕寒冷，越冬温度在5℃以上，当气温降至0℃时即遭寒害。对土壤要求不严，喜欢生长在排水性能良好、不易板结的疏松土质中。

繁殖方法：分株或扦插繁殖。分株繁殖在生长期进行，尤以春秋两季最为适宜。扦插繁殖则从母株上切取顶芽和侧芽，进行扦插育苗，约20天生根。

栽培管理：芦荟盆土要保持湿润，水太多对芦荟的根系不利，因为芦荟有耐旱怕涝的特点，需要浇水时，沿盆边轻轻地浇但不要用力冲，以免盆土容易板结，影响盆土的透气性，当盆土出现板结时，要适时松土。肥料以有机肥较好，施肥的次数要根据芦荟的生长情况而定，如经常需要叶片利用的，次数要多一些，1个月左右施一次。

园林用途：芦荟叶形奇特，四季常青，有较高的观赏价值。适宜室内盆栽观赏。

七、佛甲草 [*Sedum lineare Thunb*]

别名：万年草、佛指甲

科属：景天科费菜属

形态特征：多年生草本，无毛。茎高10～20厘米。3叶轮生，叶线形，先端钝尖，茎部无柄。花序聚伞状，顶生，疏生花，中央有一朵短梗花，另有2～3分枝，分枝常有再2分枝，着生花无梗。种子小。花期4—5月，果期6—7月份。

生长习性：佛甲草适应性极强，不择土壤，耐寒力极强。耐阴，极耐干旱，其耐旱时间可长达1个月。

繁殖方法：以扦插繁殖为主。扦插适合于夏、秋两季进行，把生长旺盛的茎叶剪下扦插即可。

栽培管理：佛甲草较少施肥，发现苗缺肥时才施肥，注意撒肥要均匀，撒肥后用洒水冲洗掉叶片上的肥料，不然会烧坏叶片或茎，或赶在阵雨前撒肥。冬与早春不宜施肥。佛甲草浇水时干透才浇，雨季与冬天少浇或不浇，宜用喷灌系统进行水的管理。

园林用途：佛甲草是优良的地被植物，也可作为优良的屋顶绿化植物。

八、垂盆草 [*Sedum sarmentosum bunge*]

别名：狗牙半支、石指甲、爬景天

科属：景天科景天属

形态特征：多年生肉质常绿草本，株高9～18厘米，茎平卧或上部直立，匍匐状延

伸，并于节处生不定根。3叶轮生，矩圆形，全缘。聚伞花序顶生，花鲜黄色。花期夏季。种子细小，卵圆形，有细乳头状凸起。

生长习性：耐干旱，耐高温，有一定的耐寒性，喜光照，对土壤要求不严。

繁殖方法：可采用种子繁殖，通常采用分株或扦插繁殖。分株宜在早春进行，扦插法：在春季或秋季从成年植株上采集垂盆草匍匐茎，将匍匐茎剪切成小段，扦插在预先准备好的扦插床内，扦插后喷灌水，水要浇足，且保持扦插床内土壤湿润，在20～25℃下，10～15天即能生根。

栽培管理：垂盆草覆土后栽苗，要求地势稍高，土壤不能积水。垂盆草适宜生长温度为15～28℃，垂盆草忌强光照的环境，遇强光表现出叶片发黄的现象。垂盆草生长速度快，需水量比较大，在具有一定遮阴条件下生长良好。生长过程中每半月少量施用一次复合化肥，施肥后要立即浇灌清水，以防肥料烧伤茎叶或根系。

园林用途：适宜布置花境、花坛及镶边材料，也可盆栽观赏。

九、费菜 [*Sedum aizoon* L.]

别名：土三七

科属：景天科费菜属

形态特征：多年生草木，茎高30～80厘米，直立，不分枝或少分枝，全株无毛。根状茎粗，近木质化。单叶互生，无柄，叶片广卵形至窄倒披针形，上缘具粗齿，下部全缘或带有乳头状物。聚伞花序密生，花瓣5枚，黄色；雄蕊10枚。蓇葖果,呈星芒状排列，黄色至红色。花期6—8月份。果期7—9月份。

生长习性：有较强的耐寒力；喜阳光充足，稍耐阴；宜排水良好的土壤；耐干旱。

繁殖方法：以分根和扦插繁殖为主，也可播种繁殖。分根繁殖在早春挖出根部，按根芽多少，将其分切成若干株，每株带2个以上根芽，挖穴栽植，覆土后踩实。扦插繁殖则在夏季挑选生长粗壮嫩枝，截成茎段，插在插床上，经常浇水，保持土壤湿润，经15~20天便可生根成活。

栽培管理：适应性强，易种易管。盆栽一般用沙壤土加菜园土，再加些草木灰、谷壳灰或火烧土混合配制。幼苗期和越冬低温期，栽培土只要保持湿润即可，切勿过湿，更不能积水，否则会烂根。四至九月为生长旺期，需要较多水分，夏季高温应多浇水。

园林用途：用于花坛、花境、地被，但需隔离；岩石园中多用其作为镶边植物，也可盆栽或吊栽。

十、八宝景天 [*Sedum spectabile boreau*]

别名：蝎子草、华丽景天、长药景天、大叶景天、景天

科属：景天科景天属

形态特征：多年生肉质草本，株高30~50厘米。地下茎肥厚，茎圆柱形而粗壮，稍木质化，直立而稍被白粉，全株呈淡绿色。叶对生至轮生，倒卵形，肉质扁平，中脉明显，上缘稍有波状齿。伞房花序密集，萼片5枚，绿色；花瓣5枚，披针形，花瓣谈红色。雄蕊10枚，排列为两轮，高出花瓣。蓇葖果，直立且靠拢。秋季开花，极繁茂。

生长习性：耐寒，在华东及华北露地均可越冬，喜阳光及干燥通风处，忌水湿，对土壤要求不严。植株强健，管理粗放。

繁殖方法：春季分株或生长季扦插繁殖，也可播种繁殖。扦插可在四至九月份进行。叶片较大时，也可用叶插，但也须将剪口晾干后再进行扦插。分株繁殖除冬季外均可进行，直接分离母株根际发出的蘖枝，切口稍干燥后，栽植于合适的盆中，在荫蔽处养护一段时间，便可转入正常栽培管理。

栽培管理：盆栽可置于光照充足处，保持叶色浓绿。宜在盆土表层完全干燥后再浇水，忌盆内积水，否则易引发根腐烂和病害。一般不予以追肥，但在生长期内可适当施以液肥，保持植株旺盛生长。冬季在棚内越冬即可。在栽培过程中，注意通风，防止病虫害发生。盆栽可2～3年换盆一次。

园林用途：常盆栽，供观赏。也可布置花坛、花境及用于镶边和岩石园。

十一、松叶菊 [*Lampranthus spectabilis*]

别名：龙须海棠、姬松叶菊

科属：番杏科日中花属

形态特征：茎匍匐，纤细，分枝多而上升，红褐色。叶对生，基部抱茎，肉质三棱，挺直像松叶。单花腋生，形似菊花，花瓣窄条形，具光泽，色彩鲜艳。花期4—5月份。

生长习性：喜温暖、干燥、通风好的环境，生长适温为18～25℃，最低温度以10℃左右为宜。不耐炎热，生长期不宜过分潮湿。除热天外，需要较好的光照。

繁殖方法：松叶菊果实不易成熟，收获种子困难，故多采用扦插繁殖。春秋两季为扦插期，选择充实饱满的嫩梢作插穗。插入沙壤土中，保持一定的温度与湿度，如在插前用2%的糖水处理插穗10小时，生根效果更好。

栽培管理：每半月施一次薄肥，这样可促进植株发育良好、叶茂花盛。生长期应充分浇水，在梅雨和多雨季节要控制浇水。在生长季节，每天至少要受到6小时的阳光照射，这样会生长繁茂、开花鲜艳。盛夏季节要放在凉爽的地方，控制浇水，让其半休眠。冬季要放到室内阳光照射到的地方。在生长初期摘心，花后要适当修剪整形，保持株形美观。

园林用途：松叶菊花朵玫红、光亮而有丝绒感，极为鲜艳美丽。宜盆栽或做花坛栽培。

十二、龙舌兰 [*Agave americana* L.]

别名：龙舌掌、番麻

科属：龙舌兰科龙舌兰属

形态特征：多年生肉质草本。茎短，叶匙状倒披针形，灰绿色，单叶簇生，披针形，肉质肥厚，光滑无毛，先端有尖刺，边缘有锯齿，灰白色，基生莲座状。花梗由叶丛中抽出，高6～12米，有叶状苞片，穗状或总状花序，长达2米，花淡黄绿色，花多，肉质，花冠有短筒，漏斗状。蒴果近球形。约10年以上才开花，一次性开花，花后母株死亡。

生长习性：喜温暖阳光充足、干燥环境，不耐阴，稍耐寒。夜温10～16℃和冬季凉冷干燥时生长最好。越冬温度5～10℃。要求肥沃、湿润、排水良好的沙质壤土，也能适应酸性土壤，耐旱力较强。

繁殖方法：扦插或分株繁殖。可于春季将母株茎基部萌生的小植株带根挖出另栽，如小株无根可扦插沙土中待发根后再栽植，也可在春季换盆或移栽时切取带有吸芽的根茎一段栽植。花后在花序上常长出不定芽，可在这些不定芽长成植株后再摘下种植。

栽培管理：盆栽培养土选用肥沃疏松、排水良好的沙质壤土。白边或黄边品种，夏季烈日要适当遮阴，否则其色彩会淡化。盆栽的植株在休眠期最好放在凉爽的地方。清明后出房，保证通风良好。随新叶的不断生长及时去除植株下部枯黄的老叶。浇水时最好从盆边缘徐徐注入，以免烂叶。

园林用途：龙舌兰叶片挺拔，株形高大雄伟，终年翠绿，小盆栽植陈设于厅堂或庭园观赏；也可做大型盆栽，装饰大厅、大门和会议室等。

十三、生石花 [*Lithops pseudotruncaatella N.E.Br*]

别名：宝石花、石头花、曲玉

科属：番杏科生石花属

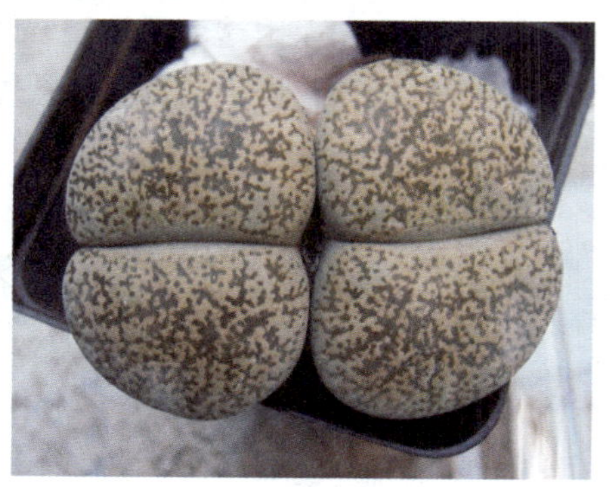

形态特征：多年生常绿多肉多浆花卉。无茎。2片叶肥厚对生，密接成缝状，形成半圆形或倒圆锥形的球体，形似卵石，灰绿色。成熟时自顶部裂缝分成两个短而扁平或膨大的裂片，花从裂缝中央抽生。一般每年开花一次，黄色或白色。花期4—6月份。

生长习性：喜温暖、干燥和阳光充足的环境。畏强光和寒冷，生长适温为20～24℃。要求排水良好的沙质壤土。

繁殖方法：以播种繁殖为主。生石花种子细小，播种繁殖量大，四至五月份进行盆播，管理精细，保持25℃左右的温度，7～10天发芽。

栽培管理：春秋两季气温适宜，是生石花生长旺盛期，夏季因温度过高，植株进入休眠期。如需浇水最好采用盆底浸水法，防止水从顶部浇入植株缝中发生腐烂。冬季严格控制浇水，保持充足光照，温度维持在13℃以上。

园林用途：生石花小巧玲珑，形态奇特，似晶莹的宝石闪烁着光彩，在国际上享有“活的宝石”之美称，适宜做室内小型盆栽花卉。

十四、石莲花 [*Graptopelaum paraguayense*]

别名：石莲掌、莲花掌

科属：景天科石莲花属

形态特征：多年生草本。多数品种植株呈矮小的莲座状，也有少量品种植株有短的直立茎或分枝。叶片肉质化程度不一，形状有匙形、圆形、圆筒形、船形、披针形、倒披针形等多种，部分品种叶片被有白粉或白毛。叶色有绿、紫黑、红、褐、白等，有些叶面上还有美丽的花纹、叶尖或叶缘呈红色。根据品种的不同，有总状花序、穗状花序、聚伞花序，花小型，瓶状或钟状。

生长习性：喜温暖、干燥和通风的环境，喜光，喜富含腐殖质的沙壤土，也能适应贫瘠的土壤。非常耐旱，也耐寒，耐阴，耐室内的气闷环境，适应力极强。

繁殖方法：常用扦插繁殖。室内扦插，四季均可进行，以8—10月份为更好，生根快，成活率高。插穗可用单叶、蘖枝或顶枝，剪取的插穗长短不限，但剪口要干燥后，再插入沙床。插后一般20天左右生根。

栽培管理：春、秋是主要生长期，需要充足的光照，否则会造成植株徒长，株型松散，叶片变薄，叶色黯淡，叶面白粉减少。空气干燥时可向植株周围洒水，但叶面，特别是叶丛中心不宜积水，否则会造成烂心，尤其要注意避免长期雨淋。夏季高温时，避免烈日暴晒，节制浇水、施肥。翻盆多在春季或秋季进行，盆土宜用疏松、肥沃、具有良好透气性的沙质土壤。翻盆时剪去烂根，剪短过长老根，以促发健壮的新根。

园林用途：热带、亚热带地区可露地配植或点缀在花坛边缘、岩石孔隙间，北方则盆栽观赏，布置客厅、书房等。

实训十二　花卉穴盘育苗技术

一、实训目的及要求

使学生掌握花卉穴盘育苗技术。

二、实训材料与用具

花卉小苗、穴盘、竹签、栽培基质。

三、实训方法与步骤

分组进行花卉穴盘育苗练习。

1. 将消过毒的基质装填入穴盘内，然后再将花卉小苗用竹签辅助栽植入每个穴孔内。

2. 栽后及时浇水和养护管理。

四、作业

统计成活率并记录穴盘苗生长状况。

实训十三　水培花卉制作

一、实训目的及要求

使学生掌握水培花卉的制作方法。

二、实训材料与用具

盆栽花卉、玻璃瓶、营养液、水、修枝剪、消毒液。

三、实训方法与步骤

教师示范制作过程，学生分组练习。

1. 将盆栽花卉从花盆中脱出，将根部洗净，剪去烂根、病根或枯根，并对根部做消毒处理。

2. 将洗过的花卉根部放入盛有营养液的水中，枝叶露出水面，并使之固定于瓶口。

四、作业

记录操作步骤，做好花卉成活率和生长情况的统计工作。

思考与练习

1. 什么称为温室花卉？常见的温室花卉有哪些种类？
2. 如何对温室花卉进行温度、水分管理？
3. 温室花卉常用的花期调控措施有哪些？

第八章　鲜 切 花

学习目标

◆掌握常见鲜切花的概念及其特点
◆掌握四大鲜切花的生态习性、繁殖栽培管理技术要点
◆能识别常见鲜切花，并能独立进行栽培繁殖

第一节　概　　述

一、概念

鲜切花又称为切花，指从活体植株上切取的，具有观赏价值的，用于花卉装饰的茎、叶、花、果等植物材料。鲜切花包括切花、切叶和切枝。经保护地栽培或露地栽培，运用现代化栽培技术，达到规模生产，并能周年生产供应鲜花的栽培方式，称鲜切花生产。

鲜切花生产具以下四个特点：一是单位面积产量高、效益高；二是生产周期短，易于周年生产供应；三是储存包装运输简便，易于国际间的贸易交流；四是可采用大规模工厂化生产。

二、鲜切花应用

鲜切花主要用于插花。插花作品讲求造型优美、色彩协调、气韵动人。所用的素材是有生命力和富于变化的植物材料，因而具有浓厚的自然气息和强烈的艺术感染力。在装饰上具有随意性，可适应各种室内环境，满足各类布置的需要。

1. 艺术插花

具有较高的艺术意境，多用于艺术欣赏、环境装饰形式。主要形式有瓶花、盘花、篮花、小品花等，又可分为西方式、东方式和现代自由式插花三种。西方式插花以欧美等国家传统插花为代表作，多采用几何形和图案式构图，花材排列紧密而整齐，用花量大，着重表现造型和色彩，具有热情奔放、端庄、大方的艺术风格。东方式插花，以中国和日本传统插花为代表作，多采用不对称式构图，花材用量少，着重表现花材神韵及形式美，具有优美典雅、意境深邃的艺术特点。现代自由式插花兼有东、西方插花特点，主题着重于写意或遐想，不拘泥于构图形式，思路广泛，常抛开插花容器的局限，自由抒发个性的

时代风格。

2. 礼仪插花

用于国事、外事、商务、会议和民俗等礼仪活动的花卉装饰形式。表达庆贺、迎送、祝愿与慰问等。礼仪插花大多采用西方式插花手法，主要形式包括花篮、花环、花束、胸花、桌饰和花圈等。花篮：多用于迎送贵宾、重大节日、会议庆贺、开业庆典、生辰祝贺等场合。花环：欧美国家常在情人节、母亲节、圣诞节等活动中运用，东南亚国家常用花环迎接宾客。花束：用于表达庆贺、慰问和祝愿之意，形式也较多，有单面观赏的花束和四面观赏的花束之分。胸花：也称襟花，又分大花型和小花型两种，常用于婚礼、宴会场合等。桌饰：多用于宴会餐桌，以体现丰富、热烈的气氛。花圈：常用于丧事和悼念活动，以表达怀念、崇敬之意。

三、鲜切花栽培方式

1. 土壤栽培

土壤栽培有露地栽培和保护地栽培两种。露地栽培季节性强，管理粗放，切花质量难保证；保护地栽培可调节环境，产量高、品质好，能周年生产，是鲜切花生产的主要方式。

2. 无土栽培

一是岩棉栽培，二是无土混合基质栽培。常用的混合基质原料有泥炭、蛭石、珍珠岩、沙子、锯末、水苔、陶粒等。

四、鲜切花栽培技术

1. 品种选择

选择良好的切花种类和品种（抗病性、抗逆性、耐储运性以及长势）。

2. 适当的光照

在切花生产时，光照强度对植株的光合作用影响很大，光合效率又直接影响切花植株中碳水化合物的积累。

3. 温度控制

栽培期间过高的温度会缩短切花的货架寿命，降低其品质。

4. 施肥

肥料是植物生长的营养物质。维持氮磷钾和其他营养元素适宜数量和比例是非常重要的，这有助于花卉茁壮地生长，增加对不良环境因子的抵抗能力，减少感染病虫害的概率，延长切花的采后寿命。鲜切花种植前施用以有机肥为主的基肥。在生长季进行若干次的追肥，常用的有完全腐熟的人粪尿和化肥等，化肥使用的浓度一般为1%～3%。也可采用根外追肥（也称叶面喷肥）。

5. 修剪

鲜切花生产过程中会产生徒长枝、老弱枝及病虫枝，应及时进行修剪，以促进新梢和花枝的生长。同时大棚内的鲜切花生长旺盛，可通过修剪调节生长、控制开花和更新复壮。花卉修剪常用的方法有疏剪、摘心、抹芽和疏花蕾。

6. 空气湿度

空气湿度过高会给一些有害的细菌和真菌的繁殖创造有利条件，使花卉被感染的可能性增大。得病的鲜切花会产生较多的内源乙烯，易于加快其衰老过程。所以应注意栽培环境的通风透气。

7. 病虫害防治

在鲜切花栽培过程中，应严格控制病虫害的发生，这对生产高品质的鲜切花至关重要。病虫害损伤植株的器官和组织，降低鲜切花外观质量，使组织脱水，加速鲜切花萎蔫，刺激内源乙烯生成，从而加快鲜切花老化。

8. 空气污染

在鲜切花温室生产中，应注意避免空气污染。污染的主要来源是燃气，如内燃机、烧油器和煤气炉产生的废气。这些废气中含有大量的乙烯和其他有害物质，它们会加快鲜切花的衰老，造成生理伤害。

五、鲜切花的采收、分级、包装、保鲜和贮运

1. 鲜切花的采收

采收为保持鲜切花有较长的瓶插寿命，大部分鲜切花都尽可能在蕾期采收。蕾期采收具有鲜切花受损伤少、便于储运、减少生产成本（加快栽培设施周转、减少储运消耗）等优越性，因此是鲜切花生产中的关键技术之一。

由于鲜切花种类多，各种类之间在生长习性及储运技术上存在明显差异。因此，具体的采收时间应因花而异。适于蕾期采收的种类有香石竹、菊花、唐菖蒲、香雪兰、百合等。月季也可蕾期采收，但必须小心操作，采收过早会产生“歪脖”现象。热带兰、火鹤花则不宜在蕾期采收。

2. 鲜切花的分级

分级时首先要剔除病虫花、残次花，然后依据有关行业标准进行分级。我国农业部已先后制定颁布了菊花、月季、满天星、唐菖蒲和香石竹切花的产品质量分级、检验规则、包装、标志、运输和储藏的技术要求及标准，可作为鲜切花生产、批发、运输、储藏、销售等各个环节的质量标准和产品交易标准。

3. 鲜切花的包装

包装一般在储运之前进行。鲜切花包装前先进行捆扎，捆扎不能太紧，否则不但损伤花枝，而且冷藏时降温不均匀。包装规格一般按市场要求，按一定数量包扎。也有按

质量捆扎的，如满天星、多头菊等。

4. 鲜切花的保鲜

（1）冷藏。低温冷藏是延缓衰老的有效方法。一般鲜切花冷藏温度为0～2℃；一些原产于热带的种类，如热带兰、一品红、红掌等对低温敏感，需要贮藏在较高的温度中。

冷藏中相对湿度是个重要因子，相对湿度高（90%～95%）能保证切花储藏品质和储藏后的开放率。如香石竹在饱和湿度储藏后的开放率是相对湿度80%储藏后开放率的2～3倍。欲保持较高的相对湿度，一方面应尽量减少储藏室的开门次数，另一方面在包装时可采用湿包装。

除冷藏外，还有减压储藏和气调储藏等，这些储藏方法需要一定的设备和条件。

（2）保鲜剂。保鲜剂的主要作用是抑制微生物的繁殖、补充养分、抑制乙烯的产生和释放、抑制切花体内酶的活性、防止花茎的生理堵塞、减少蒸腾失水、提高水的表面活力等。常见保鲜剂的成分有：

1）营养补充物质：蔗糖、葡萄糖。

2）乙烯抑制剂：硫代硫酸银、高锰酸钾等。

3）杀菌剂：8-羟基喹啉盐、次氯酸钠、硫酸铜、醋酸锌等。

5. 鲜切花的贮运

鲜切花的运输是鲜切花生产、经营中的重要环节之一。鲜切花不耐储运，运输环节中的失误往往会直接造成经济损失。

为使鲜切花在运输过程中保持新鲜，可按品种习性适当提早采收。采收后立即离开温室，包装前进行必要的预处理。有条件的话，应配备专用的保鲜袋、保鲜箱和调温、调湿运输工具。适当降低运输途中的温度，特别是长途运输时更为必要。

良好的市场体系是缩短运输时间、减少损耗的又一个关键环节。在一定范围内应形成合理的销售网络，以最快的速度将鲜切花发往各级批发、零售市场，以保证鲜切花的品质。

第二节 四大鲜切花

一、切花菊

菊花是世界上销售量最大的切花之一，占鲜切花总产量的30%（菊花别名、科属、形态特征、生态习性、繁殖方法等详见第三章第二节）。

1. 品种选择

切花菊一般选择平瓣内曲、花型丰满的莲座型和半莲座型的品种。要求瓣质厚硬，茎秆粗壮挺拔，节间均匀，叶片肉厚平展，鲜绿有光泽，并适合长途运输和贮存。吸水后能挺拔复壮。我国作为切花菊栽培的大多数品种都是从日本和欧美引进的，如“秀芳系列”和“精元系列”等。

2. 栽培类型

（1）电照栽培。主要用于短日照秋菊的抑制栽培，通过电照抑制茎顶端花芽分化，延迟开花，以达到花期控制的目的。电照处理一般可以在初夜或深夜进行，深夜间歇性电照效果好，8—9月每夜电照2小时，10月上旬以后每夜电照3～4小时。电照停光前1周至停光后3周这段时期内，须保持夜温15～17℃以上，才能保持花芽分化正常进行。

菊花电照装置一般采用白炽灯、荧光灯等。近几年试用高压汞灯、高压钠灯等节能灯用于菊花电照栽培，取得了较好的效果。在电照装置配置过程中，必须保持菊花生长点处达到50Lux以上的照度，才可有效抑制花芽分化。

（2）遮光栽培。主要用于短日照秋菊的促成栽培，一般用黑膜或银灰色遮光膜遮盖来延长黑暗的时间，促进花芽分化，提早开花，以调节花卉市场。

遮光栽培应保持茎顶端照度5Lux以下时，才可有效促进花芽分化。遮光栽培中，遮光的时间取决于花期控制目标及遮光时植株的高度。一般典型秋菊遮光时间可在开花目标期前60天，株高35～45厘米时处理为宜，每日保持短日照10小时以下，一般傍晚17:00时开始遮光，凌晨7:00左右揭幕。遮光栽培常用于夏秋菊出花。

（3）两度切栽培。两度切栽培为秋菊年末采花后，选择基部优良的吸芽2～3支，整理后再次栽培开花的一种形式。两度切栽培的品种应选择早春开花性较好的品种，如黄秀芳、白秀芳等。一般在第一次采花后，从近地表部选择吸芽2～3个进行培养，其余全部剥除，并保持10℃左右的温度和14.5小时以上的日长（每晚灯照3～4小时）。低于10℃应进行加温处理，花芽分化前1周及分化后3周保持16℃以上的夜温，如目标花期在5月份之前，则无须进行遮光处理；5月份以后出花的，应在3月下旬进行遮光处理，方法同遮

光栽培。

3. 定植

（1）定植期。根据不同系统和栽培的类型（多本或独本）、摘心的次数及供花时间，选择适宜的定植期。一般秋菊摘心栽培的定植期控制在目标花期前15周左右。另外，定植期选择还需要考虑花芽分化期的温度条件是否适宜。

（2）定植密度。一般多本栽培的每平方米栽植20株左右，每株留3～4个分枝；独本的每平方米栽培60株左右。采用宽窄行，每畦种3～4行，株距8～10厘米。

（3）定植方法。将专门制作的菊花网铺设在已整好的种植床上，根据已设计好的密度在网格孔中定植。以后随着植株的生长，逐渐将网格上移。在60厘米高度时将网格固定，保持植株直立生长。定植后要立即浇定根水。夏季炎热时定植，要适当遮阴，成活后再揭除。

4. 肥水管理

菊花喜肥沃土壤。秋菊每100平方米施有效成分氮2.0～2.5千克，磷1.5～1.8千克，钾1.8～2.0千克。施肥分基肥和追肥。一般秋菊及电照菊基肥量为全年标准施肥量的1/3～2/3，夏菊为70%，促成栽培为60%。夏菊集中在3、4月份分1～2次追肥；秋菊摘心后2周及花芽分化时分2次施入；1—3月份出花的补光菊，在摘蕾期再补施一次。一般现蕾前以氮肥为主，适当增施磷、钾肥。植株转向生殖生长时，可暂停施肥，待现蕾后，可重施追肥。追肥宜薄肥勤施。菊花忌水涝，喜湿润。必须经常保持土壤一定持水量，土壤干燥易造成菊花根系损伤。

5. 整枝、抹芽、摘蕾

多本栽培的切花菊摘心后萌发多个分枝，留3～4个，其余的全部除去。以后分枝上的叶腋再萌发后的芽及独本菊的腋芽都要及时抹去，以减少养分消耗。现蕾后，对独本栽培的，要将侧蕾剥除，仅保留植株顶端主蕾；而多头菊及小菊一般不摘蕾或少量摘蕾。菊花摘蕾时，用工量集中，需短时间内完成，不可拖延，否则影响切花质量。

6. 立柱、张网

切花菊茎高，生长期长，易产生倒状现象，在生长期确保茎干挺直，生长均匀，必须立柱架网。每当菊花苗生长到30厘米高时架第一网，网眼为10厘米×10厘米，每网眼中1枝；以后随植株每生长30厘米时，架第二层网；出现花蕾时架第三层网。

7. 采收

剪取花的适期，应根据气温、储藏时间、运输地点等综合考虑，一般在花开5～8成情况下剪取。剪花应在离地面约10厘米处切断，采收后去除下部1/4～1/3的叶片，按标准分级。当多头型中枝上的花盛开，侧枝上有2～3朵透色时采收。同级花枝每10或20枝绑成一束，为保护花头，用薄膜或特制的尼龙网包扎花头。

二、香石竹 [*Dianthus caryophyllus* L.]

别名：康乃馨、麝香石竹

科属：石竹科石竹属

1. 形态特征

株高50～100厘米，多分枝，茎秆硬而脆，节膨大。叶对生，呈披针形。花顶生，聚散状花序，花萼分裂。

2. 生长习性

香石竹多为四季性开花，长日照促进生育和开花，短日照条件下侧枝生长多，日照不足影响生育和开花。适宜的生长温度为昼温21℃，夜温12℃。夏季温度超过30℃以上时明显生育不良，冬季5℃以下生育迟缓。香石竹喜肥，通气和排水性好，腐殖质丰富的黏壤土，忌连作。土壤pH值为6.0～6.5。

3. 繁殖方法

香石竹可用扦插、播种或组织培养等方法繁殖。生产上用苗多以扦插为主。扦插法繁殖香石竹要建立优良的母本采穗圃。采穗圃应设防虫网，防止害虫侵入感染病毒，导致种性退化。扦插最好采用母本茎中的二、三节生出的侧芽作插穗。当侧枝长到6对叶时，即可采下3～4对叶；经整理后，保留的“三叶一心”即三对叶一个中心，基部浸生根剂处理。在温度20℃左右，15～20天左右能生根起苗。

4. 栽培管理

（1）栽培类型。香石竹的作型有春作型、冬作型和秋作型。春作型4—5月份定植，10月份以后的秋冬花型，是目前栽培面积最广的作型；冬作型主要是12月份定植，次年6—7月份出花；秋作型9月份定植，3—4月份出花。除此之外，还有多年作型，即一次定植，连续2～3年收获。

（2）定植。香石竹喜肥，不耐水湿，忌连作。连作时，应对土壤进行消毒，定植前最好测一下EC值和pH值。深翻土壤，施足基肥，基肥以腐熟的有机肥为好。香石竹定植

后到开花所需时间，会因光强、温度与光周期长短而变化，最短100～110天，最长约150天。根据市场供花需求，可以适当调节定植的时间。考虑到气候、市场等因素，上海地区一般大多采用4—5月份定植模式。香石竹定植床一般宽90～120厘米种6行，密度为15厘米×18厘米，定植深度以浅栽为好，即栽植后原有插条生根介质稍露出土表为宜。

（3）摘心及花期控制。香石竹定植后经1周即可正常生长，2～3周可第一次摘心，促侧芽生长，第一次摘心后保留3～4个侧芽，以后根据需要可再摘心1～2次。

不同的摘心方式对切花产量、品质及花期等有不同的影响，生产中常采用以下三种摘心方式：

1）单摘心（1次摘心）：仅摘去原栽植株的茎顶尖，可使4～5个营养枝延长生长、开花，从种植到开花的时间最短。

2）半单摘心（1.5次摘心）：即原主茎单摘心后，侧枝延伸足够长时，每株上有一半侧枝再摘心，即后期每株上有2～3个侧枝摘心，这种方式使第一次收花数减少，但产花量稳定，避免出现采花的高峰与低潮问题。

3）双摘心（2次摘心）；即主茎摘心后，当侧枝生长到足够长时，对全部侧枝（3～4个）再摘心。双摘心造成同一时间内形成较多数量的花枝（6～8个），初次收花数量集中，易使下次花的花茎变弱，在实践中应少采用。

香石竹可通过摘心控制花期，一般4—6月份做最后一次摘心，可在80～90天后为盛花期；7月中下旬最后一次摘心，可在110～120天后形成盛花期；8月中旬最后一次摘心，可在120～150天后形成盛花期。为保证12月至来年1月份为盛花期，最后一次摘心时间为8月初。

为了达到周年均衡供花，除了控制定植时期外，还须配合摘心处理，调节香石竹开花高峰。以上海为例，具体做法是：

第一种：2月初定植，进行一次摘心。6月底始花，第一次开花高峰在7月，第二批在元旦、春节上市，翌年的5—6月份第三批花上市，可延至7月初。

第二种：3月初定植，选用夏季型品种，不进行摘心。6月中旬开花，一般1个月内采花结束，第二批花在国庆节期间上市，第三批花在翌年3—4月份收获。

第三种：4—5月份定植，这是目前采用最多的定植时间，一般进行一次半摘心。7月始花，为一级枝开的花，8—9月份为二级分枝形成的花，如此循环，注意冬季管理，就能保持一定的产花量。如进行二次摘心，则第一批花集中在10—11月份上市，并可延续到元旦，到翌年4—5月份又有一个产花高峰，此时花质量好，花期可以延续到5月份的第二个星期日，即“母亲节”前后。

第四种：6月上旬定植，主要满足春节供花。种植后进行二次摘心，以保证产花量。入冬后，注意加强温度管理，元旦期间，即可有大量鲜花上市，一直延续到春节。第二批又可在“母亲节”期间形成产花高峰。

第五种：9月上旬定植，选择“夏季型”品种，进行一次摘心，翌年4—5月份为产花高峰，可供“母亲节”用花。由于品种具有耐高温性状，在7—8月份仍有优质花供应上市。

（4）张网。香石竹在生长过程中需张网3～4层。当苗高距畦面15厘米时，张第一层网。以后随着茎的生长而张第二、第三层网。网层之间间隔25厘米左右。张网要求拉正、拉直、拉平，以免生育的后半期整个植株的质量都落在下部的茎上，引发病虫害。

（5）肥水管理。小苗定植后即浇透水。定植初期，多行间浇水，以保持根际土壤干燥。生长旺盛期，可适当增加浇水量。

香石竹施肥苗期要掌握薄肥勤施。从幼苗定植到切花收获的整个生育期，都要有充足肥料的供应。基肥要充足，追肥要淡而勤施。可施稀薄的有机液肥。生长旺盛期，结合供水进行追肥，在生长中后期逐渐减少氮肥用量，适当增加磷、钾肥用量。花蕾形成后，可每隔一星期喷一次磷酸二氢钾，以提高茎秆硬度。

（6）抹芽和摘蕾。香石竹摘心后，除保留作为花枝的目标分枝外，其余的应全部抹去。植株拔节后在茎干的中下方发生侧枝，也应及时抹去。除多头型香石竹外，主蕾以外的花蕾应及时剥除，以保证足够的养分供主蕾发育。

（7）环境控制

1）温湿度管理：香石竹喜湿润，但不耐涝，生长过程中应避雨栽培。10月中旬以后应覆盖薄膜，进行保温，白天应充分换气和通风，冬季温度寒冷地区可通过棚内设置2～3层膜进行保温，必要时进行加温，但应注意充分通风，以防止病害发生。温度调控应由栽培者掌握。科学地控制日夜温度变换模式。湿度在夏秋冬春随光照强弱而调整。光强时，湿度可略高。

2）光强管理：香石竹对光的要求是已知植物中最高的一种。强光适合香石竹健壮生长。过度遮阴，光强仅2 000～4 000Lux则引起生长缓慢、茎秆软弱等现象。

3）光照长度管理：白天加长光照到16小时，或22:00到凌晨2:00用电照光来间断黑夜，或全夜用低光强度光照，都会对香石竹产生较好的效果。随着光照时间与强度的增加，光合作用加强，有利于加速营养生长，促进花芽分化，提早开花期，提高产花量。

（8）病虫害防治。香石竹在高温高湿条件下易发病，一旦发病后较难控制，所以在整个生育过程中必须十分注意防病工作，一般每隔7～10天防病一次，并经常注意棚室的通气管理。

（9）采收。香石竹花苞裂开，花瓣伸长1～2厘米时，为采收最佳时期。蕾期采收的香石竹需放在催花液中处理。每20枝或30枝成一束，去除基部10～15厘米残叶后水养出售。

5. 园林用途

香石竹应用以切花为主，是世界上产量最大、产值最高、应用最普遍的四大切花之

一。园林布置中偶然用于花坛。

三、唐菖蒲 [*Gladiolus gandavensis Van Houtte*]

别名：菖兰、剑兰、扁竹莲、十样锦、十三太保

科属：鸢尾科唐菖蒲属

1. 形态特征

球茎扁圆形，有褐色皮膜。基生叶剑形，互生。花葶自叶丛中抽出，穗状花序顶生，花色丰富。

2. 生长习性

唐菖蒲属于喜光性的长日照植物，生育适温为20～25℃，球茎在4～5℃时萌动。日平均气温在27℃以上，生长不良。不耐涝，适宜的土壤pH值为6.0～7.0。

3. 繁殖方法

以分球繁殖为主，将子球（直径小于1厘米）和小球（直径2.5厘米以下）做材料。3月初冬播，繁殖期间及时锄草，每两周施一次肥。经2～3年栽培后，球茎膨大成为开花的商品球（直径在4厘米以上）。

4. 栽培管理

（1）种植前准备。选择四周空旷，无障碍物造成荫蔽，无空气污染，地势高燥的土地种植。土壤用福尔马林消毒，球茎用托布津或高锰酸钾浸泡消毒。

（2）定植。唐菖蒲常规栽培的时间，要根据地域、品种、供花时间等因素而确定。花期要避开高温季节。地下水位高的地方，宜采用垄栽或高畦栽种。畦宽1.0～1.2米、高15～20厘米，唐菖蒲的种植密度视球茎大小而定。球茎越大，种植密度宜稀些；小球可适当密植。一般种植密度为50～80个/平方米球茎。

种植深度根据球茎大小、季节及土壤性质作适当调整。覆土标准为球茎高的1～2倍。球茎越大，种植应越深；土质黏重，种植要浅些，沙质土则深些；冬春季宜浅种，夏秋季宜深种。

（3）施肥。唐菖蒲球茎在生长前12周，本身可提供足够的养分使植株生长得很好，而且新种植球茎的根对盐分很敏感。除非土壤特别贫瘠，一般不需额外施基肥。但在生长期间，为保证唐菖蒲的生长发育，应注意按时追肥。

追肥分三次：第一次在2片叶时施，以促进茎叶生长；第二次在3～4片叶时施，促进茎生长、孕蕾；第三次开花后施，以促进新球发育。唐菖蒲不耐盐，施肥要适量。含氟的磷酸盐不宜使用。

（4）浇水。若土壤干燥，在种植唐菖蒲球茎前几天应先灌水，使土壤湿润而又便于栽种操作。球茎栽植于水分适中的土壤环境中，12～14天内可以少灌水或不灌水，可使土壤的物理结构保持良好，又能使球茎顺利生根。

栽植后就要使球茎迅速生根。唐菖蒲根系对土壤通气孔隙的要求在5%～10%，为使根迅速生长，土壤持水量应控制在25%左右。若栽植后土壤干燥，要进行灌溉。若有覆盖物，可避免土壤水分蒸发。生长期适时浇水，经常保持土壤湿润，避免土壤干湿度变化过大，否则易引起叶尖枯干现象。在植株3～4片叶时，应控制浇水，以利花芽分化。

（5）锄草培土。经常锄草、减少病虫害来源。一般在长到3片叶时适当培土，以防止倒伏并兼有锄草功能，还可促进球茎发育。

（6）防止生理病害。栽培唐菖蒲要注意预防两种生理病害：

1）叶尖干枯病：症状主要是自第三片叶以后，由于植株生长迅速，感受空气氟化物的污染，加上天气骤变、缺水、偏施氮肥影响叶尖细胞的抵抗力，使叶尖干枯。防治应选择远离工业区、砖厂的场地进行栽培，同时，要合理施用肥水，防止过干过湿变化太大。

2）盲花：盲花是指花穗孕育好以后抽不出来的现象，是唐菖蒲切花促成或抑制栽培中常发生的生理病害，使开花率降低。产生原因是由于花芽发育期间遇低温、短日照或光照不足引起的。防治要选用在低温、短日、弱光条件下都能开花的品种，采用体积较大的种球，避免栽植过密，限制一球一芽，抽穗前适当提高温度和光照，有必要可以进行加光。

（7）采收。花茎伸长出来，小花1～2朵着色即可剪花。唐菖蒲切花储藏时要注意直立向上，以免花茎弯曲。因为唐菖蒲的向光性较强，若长时间平放，花穗顶端会向上弯曲。

5. 园林用途

唐菖蒲为重要的鲜切花，可做花篮、花束、瓶插等，也可布置花境及专类花坛。

四、切花月季 [*Rosa hybrida Hort.*]

别名：现代月季

科属：蔷薇科蔷薇属

1. 形态特征

株高20～200厘米以上，茎有刺或少刺，无刺。叶互生，奇数复叶，小叶3～5枚。花单生，花瓣多数，花色丰富。

2. 生长习性

喜阳光充足、温暖、空气流通良好的环境，要求疏松、肥沃、排水良好的沙质壤土，土壤酸碱度pH值以6～7为宜。条件适宜，一年四季均可开花。生育适温白天20～25℃，夜间13～15℃。夏季高温不利生长，30℃以上的高温加上多湿易发生病害。冬季5℃以下能继续生长，但影响开花。最适宜的空气相对湿度为75%～80%，过于干燥，植株易休眠、落叶或不开花。

3. 繁殖方法

用得较多的是嫁接育苗和扦插育苗。嫁接苗生长势好，切花质量和产量高；扦插苗前期生长慢，产量低，而后期生长稳，产量高，多用于无土栽培。

（1）嫁接育苗。芽接或枝接，砧木可采用十姊妹、野蔷薇（粉团）的实生苗或扦插苗，芽接适宜在15～25℃的生长季节内进行。枝接适宜在每年的生长开始之前或即将休眠前不久进行。

（2）扦插育苗。整个发育期内均可进行，一般在四至十月份较适宜。选开花1周左右的半成熟健壮枝条，注意不可选没开花的“盲枝”。将枝条剪成具有2～3个芽的小段，扦插时保留1片复叶，以减少水分蒸发，插条基部沾一些生长调节物质，如IBA或NAA，以促进生根。插条间距3～5厘米，插入基质2.5～3.0厘米插后喷透水。采用全光照喷雾育苗，可提高育苗成活率。

4. 栽培管理

（1）定植及壮苗养护。月季种植地应选择耕作层深厚、土壤肥沃的园地。定植前应深翻土壤至40～50厘米，并施入充分腐熟的有机肥。耕翻后作定植床，南方多雨潮湿宜作高床，北方干旱宜作低床。月季定植的最佳时间是5—6月份，当年可产花。栽植密度为9～10株/平方米，定植后3～4个月内为营养体养护阶段，在此时期内，随时将花蕾摘除。当植株基部开始抽出竖直向上的粗壮枝条时，即可留做开花母枝，其粗度应大于0.6

厘米。

（2）作型。月季一次定植，连续收获4—5年，其作型有周年切花型、冬季切花型和夏秋切花型等。

（3）肥水管理。月季是喜肥植物。定植时施足基肥外，还可以结合每年冬剪在行间挖条沟施有机肥。有机肥可选用腐熟的鸡粪、牛粪等。追肥在生长季节内进行，每隔2～3周结合浇水追施一次薄肥。切花月季对磷肥需求量较高，氮、磷、钾比例为1∶3∶1为好，同时需要注意钙、镁及微量元素的配合施用。定植初期应使土壤见干见湿，肥料以氮肥为主，促成新根。在培养开花母枝阶段应加大水肥的供应，使植株枝叶充分生长，为开花打好物质基础。进入孕蕾开花期，水肥需要量增大，通常2～3天浇一次水，施肥次数和每次施肥量均应增加。

（4）植株管理。植株管理主要有摘心、摘蕾、抹芽和修剪等。从定植到开花，绿枝小苗至少要进行3～4次摘心修剪。为培育更新枝，从主干基部抽出的粗壮枝条顶端长出的花蕾及嫁接成活的苗新梢长出的花蕾，一般都应及时摘除，使枝干发育充实。盛夏形成的花蕾无商品价值，也要及时摘除。

修剪是月季栽培中一项十分重要的措施，也是月季栽培中经常进行的操作。日常的主要修剪工作有：

1）剪除生长弱的枝条；

2）剪除植株的内交叉枝、重叠枝、枯枝及病枝、病叶等，以改善光照条件；

3）根据生长需要，抹去影响整体生长的腋芽；

4）及时摘除侧蕾；

5）夏季采取折枝方法越夏，冬季可采取强修剪；

6）每次采花应在花枝基部以上第3～4个芽点处剪断，注意尽量保留方向朝外的芽。

根据月季对温度敏感的特点，修剪的时期主要是冬、秋两季。夏季多不修剪，只摘蕾和折枝。冬季待月季进入休眠后、发芽之前进行，冬剪的目的主要是整修树型，控制高度。秋剪是在月季生长季节进行，主要目的是促进枝条发育，更新老枝条，控制开花期，决定出花量。月季的花期控制主要采用修剪的方法来达到。在日温25～28℃的条件，剪枝后40～45天可以第二次采花。修剪时保留2～3片绿叶，萌芽后每枝留1～2个健壮萌芽生长，其余抹去。

（5）温湿度管理。切花月季大多采用温室栽培和大棚栽培。夏季温度超过30℃以上，不利于月季生长，可通过设遮阳网、充分打开窗户或拆除薄膜来降温；同时通过减少浇水来迫使月季处于休眠状态。入秋后，温度逐渐下降，月季生长又处于高峰期，应注意通风透气，晚间注意保温。冬季产花，要求晚上最低温度不低于10℃。此外，冬季一般棚室内温度高，空气不流通，易引发月季病害大发生，需要选择晴朗的中午开窗，降低空气湿度。

（6）采收。春秋两季以花瓣露色为宜，冬季以花瓣伸长，开放1/3为宜，花枝剪下后，立即插入盛有水的桶内，水中可放0.8‰的杀菌剂，然后运到装花间进行分级包装，每10 支或20支成一束。为保护花头，现多用特制的尼龙网套扎花头以保护。

5. 园林用途

用于园林布置花坛、花境、庭园花材，也可制作月季盆景，做切花、花篮、花束等。

实训十四　切花月季采收与保鲜技术

一、实训目的及要求

使学生熟悉切花月季采收标准，掌握采收方法、采后处理及采后保鲜贮藏技术。

二、实训材料与用具

切花月季、枝剪、塑料水桶、保鲜剂、打刺机、保鲜柜、塑料袋、撕裂膜。

三、实训方法与步骤

在清早或傍晚采收，提前备好工具、用品，分组、分地点采收、保鲜。

1. 观察月季花萼是否平展，第1～2花瓣是否露色外展，留足营养枝长度，尽量延长切花枝长度25厘米以上，剪口平滑，及时用清水浸下切口。

2. 按品种色泽、长度分级，打去下部20～25厘米叶和刺，喷上保鲜剂，20支1束绑扎枝条中下部，再用塑料袋或纸袋套花朵部分，在2℃左右条件下储藏。

四、作业

记录采收的过程及保鲜技术的处理。分析保鲜的原理和作用。

思考与练习

1. 鲜切花栽培与盆栽花卉、地栽花卉有什么区别?
2. 试述切花菊栽培管理要点。
3. 试述唐菖蒲切花栽培要点。
4. 切花月季与盆栽月季管理上有什么差异?
5. 为什么说菊花、香石竹、唐菖蒲、月季是世界四大鲜切花?

参考文献

[1] 北京林业大学园林系花卉教研组. 花卉学 [M]. 北京：中国林业出版社，1990.

[2] 卢思聪. 室内盆栽花卉 [M]. 北京：金盾出版社，1997.

[3] 石万方. 花卉园艺工（中级）[M]. 北京：中国劳动社会保障出版社，2003.

[4] 龙雅宜. 切花生产技术 [M]. 北京：金盾出版社，1994.

[5] 刘庆华，王奎玲. 花卉栽培学 [M]. 北京：中央广播电视大学出版社，2001.

[6] 成海钟，蔡曾煜，切花栽培手册 [M]. 北京：中国农业出版社，2000.

[7] 朱加平. 园林植物栽培养护 [M]. 北京：中国农业出版社，2001.

[8] 何正清. 花卉生产新技术 [M]. 广州：广东科技出版社，1991.

[9] 何生根，冯常虎. 切花生产与保鲜 [M]. 北京：中国农业出版社，1996.

[10] 吴少华，郑诚乐，李房英. 鲜切花周年生产指南 [M]. 北京：科学技术文献出版社，2000.

[11] 张彦萍. 设施园艺 [M]. 北京：中国农业出版社，2003.

[12] 杜莹秋. 宿根花卉的栽培与应用 [M]. 北京：中国林业出版社，1990.

[13] 陈俊愉，程绪珂. 中国花经 [M]. 上海：上海文化出版社，1990.

[14] 陈俊愉. 中国花卉品种分类学 [M]. 中国林业出版社，2001.

[15] 昆明市科学技术协会. 花卉采后技术 [M]. 昆明：云南科技出版社，2001.

[16] 金波. 鲜切花栽培技术手册 [M]. 北京：中国农业大学出版社，1998.

[17] 施振周，刘祖祺. 园林花木栽培新技术 [M]. 北京：中国农业出版社，1999.

[18] 胡绪岚. 切花保鲜新技术 [M]. 北京：中国农业出版社，1996.

[19] 赵兰勇. 商品花卉生产与经营 [M]. 北京：中国林业出版社，1999.

[20] 唐祥宁. 花卉园艺工（高级）[M]. 北京：中国劳动社会保障出版社，2003.

[21] 夏春森，刘忠阳. 细说名新盆花194种 [M]. 北京：中国农业出版社，1999.

[22] 陈俊愉，程绪珂. 中国花经 [M]. 上海：上海文化出版社，2000.

[23] 贾梯. 庭院种花 [M]. 北京：中国农业出版社，1998.

[24] 芦建国. 园林花卉 [M]. 北京：中国林业出版社. 2006.

[25] 曹春英. 花卉栽培 [M]. 北京：中国农业出版社，2001.

[26] 黄献胜，卓妙卿，黄以琳. 看图养仙人掌 [M]. 福州：福建科学技术出版社，2004.

[27] 谢国文. 园林花卉学 [M]. 北京：中国农业科学技术出版社，2005.

[28] 鲁涤非. 花卉学 [M]. 北京：中国农业出版社，1998.

[29] 翟洪武. 切花养花300例 [M]. 天津：天津科学技术出版社，1995.

[30] 岳桦. 园林花卉 [M]. 北京：高等教育出版社，2006.